Salima Kebbouche-Gana
Mohamed L. Gana

Bactéries du sel et Biosurfactants

Salima Kebbouche-Gana
Mohamed L. Gana

Bactéries du sel et Biosurfactants

Entre Isolement, Screening et Production

Presses Académiques Francophones

Impressum / Mentions légales

Bibliografische Information der Deutschen Nationalbibliothek: Die Deutsche Nationalbibliothek verzeichnet diese Publikation in der Deutschen Nationalbibliografie; detaillierte bibliografische Daten sind im Internet über http://dnb.d-nb.de abrufbar.

Alle in diesem Buch genannten Marken und Produktnamen unterliegen warenzeichen-, marken- oder patentrechtlichem Schutz bzw. sind Warenzeichen oder eingetragene Warenzeichen der jeweiligen Inhaber. Die Wiedergabe von Marken, Produktnamen, Gebrauchsnamen, Handelsnamen, Warenbezeichnungen u.s.w. in diesem Werk berechtigt auch ohne besondere Kennzeichnung nicht zu der Annahme, dass solche Namen im Sinne der Warenzeichen- und Markenschutzgesetzgebung als frei zu betrachten wären und daher von jedermann benutzt werden dürften.

Information bibliographique publiée par la Deutsche Nationalbibliothek: La Deutsche Nationalbibliothek inscrit cette publication à la Deutsche Nationalbibliografie; des données bibliographiques détaillées sont disponibles sur internet à l'adresse http://dnb.d-nb.de.

Toutes marques et noms de produits mentionnés dans ce livre demeurent sous la protection des marques, des marques déposées et des brevets, et sont des marques ou des marques déposées de leurs détenteurs respectifs. L'utilisation des marques, noms de produits, noms communs, noms commerciaux, descriptions de produits, etc, même sans qu'ils soient mentionnés de façon particulière dans ce livre ne signifie en aucune façon que ces noms peuvent être utilisés sans restriction à l'égard de la législation pour la protection des marques et des marques déposées et pourraient donc être utilisés par quiconque.

Coverbild / Photo de couverture: www.ingimage.com

Verlag / Editeur:
Presses Académiques Francophones
ist ein Imprint der / est une marque déposée de
OmniScriptum GmbH & Co. KG
Heinrich-Böcking-Str. 6-8, 66121 Saarbrücken, Deutschland / Allemagne
Email: info@presses-academiques.com

Herstellung: siehe letzte Seite /
Impression: voir la dernière page
ISBN: 978-3-8381-4314-9

Copyright / Droit d'auteur © 2014 OmniScriptum GmbH & Co. KG
Alle Rechte vorbehalten. / Tous droits réservés. Saarbrücken 2014

Sommaire	1
Liste des Figures	4
Liste des Tableaux	7
Résumé	9
INTRODUCTION GENERALE	11

CHAPITRE I. ETUDE BIBLIOGRAPHIQUE

I. Les biosurfactants	14
I.1 Classification des biosurfactants	15
I.1.1 Selon leurs structures	15
I.1.1.1 Les glycolipides	15
I.1.1.2 Les lipopeptides	17
I.1.1.3 Les phospholipides	19
I.1.1.4 Les polymères (lipopolysaccharides)	20
I.1.1.5 Les acides gras et les lipides neutres (mono et diglycérides)	20
I.1.2 Classification des biosurfactants selon la masse moléculaire	20
I.2 Propriétés physico-chimiques des biotensioactifs	20
I.2.1 Abaissement de la tension superficielle	20
I.2.2 Concentration micellaire critique	21
I.3 Toxicité et biodégradabilité	22
I.4. Production de Biosurfactants par voie fermentaire	22
I.4.1 Microorganismes producteurs et physiologie	23
I.4.2 Paramètres influençant la production des biosurfactants	24
I.4.2.1 Source de carbone	24
I.4.2.2 Source d'azote et sels minéraux	25
I.4.2.3 Conditions de culture	26
I.4.2.4 Extraction des biosurfactants du milieu de croissance	27
I.5 Utilisation des biosurfactants	27
II. Microorganismes halophiles	29
II.1. Extrêmophilie : le cas de l'halophilie	29
II.1.1 Mécanismes d'adaptation à la vie en milieu hypersalin	30
II.1.1.1 Régulation de la pression osmotique	30
II.1.1.2 Adaptation des protéines à l'hypersalinité	30
II.1.2 Diversité moléculaire des halophiles	30
II.1.3 Les *Halobacteriaceae*	31
II.1.3.1 Classification des *Halobacteriaceae*	32
II.1.3.2 Caractères phénétiques	34
II.1.3.3 Métabolisme	36
II.1.3.4 Physiologie cellulaire	36
II.1.3.5 Caractères génétiques	38
II.1.3.6 Intérêts biotechnologiques des *Archaea*	39

CHAPITRE II. MATÉRIELS ET MÉTHODES

I Dénombrement, isolement et identification des bactéries halophiles strictes	41
I.1 Echantillonnage des eaux	42
I.2 Analyses physico-chimiques des échantillons d'eau	44
I.2.1 Techniques d'Analyse	44
I.3 Analyse bactériologique des eaux	44
I.3.1 Dénombrement de la flore bactérienne halophile	44
I.3.1.1 Milieux de culture utilisés pour le dénombrement	44
I.3.1.2 Préparation des dilutions	46
I.3.1.3 Enrichissement des cultures en milieu liquide	46
I.3.2 Méthodes d'ensemencement	46
I.3.3 Purification et conservation des isolats	47
I.3.3.1 Conservation par lyophilisation	47

I.4 Identification des isolats	47
I.4.1 Caractères culturaux et micromorphologiques	47
I.4.1.1 Microscopie électronique à balayage	47
I.4.1.2 Etude du pigment produit	48
I.4.1.3 Etude de la lyse osmotique	48
I.4.2 Détermination de la concentration optimale en NaCl et en ions Mg^{++}	49
I.4.3 Détermination des optima de température et de pH	49
I.4.4 Métabolisme protidique	49
I.4.5 Métabolisme des sucres, alcools et acides organiques	50
I.4.6 Recherche des enzymes respiratoires et métaboliques	50
I.4.7 Etude de la sensibilité aux antibiotiques	50
I.4.8 Analyse des lipides membranaires	51
I.4.9 Extraction de l'ADN, PCR et séquençage de l'ARN 16S	53
I.4.10 Analyse phylogénétique et alignement	53
II.Production et caractérisation de biosurfactants par les bactéries halophiles strictes	54
II.1. Test du "drop-collapsing"	54
II.2. Test d'émulsification E_{24}	54
II.3 Localisation des Biosurfactants	55
II.4 Production de biosurfactants par fermentation	55
II.4.1 Milieux de culture	55
II.4.2 Préculture	55
II.4.3 Culture en Batch	56
II.4.3.1 Fermenteur	56
II.4.3.1.1 Préparation du fermenteur	56
II.4.3.1.2 Conditions opératoires	56
II.4.3.1.3 Inoculation du fermenteur	57
II.4.4 Les méthodes analytiques	57
II.4.4.1 Estimation de la biomasse	57
II.4.4.1.1 Spectrophotométrie (Turbidimétrie)	58
II.4.4.1.2 Méthode gravimétrique (Poids sec)	58
II.4.4.2 Analyse des sucres	58
II.4.4.3 Suivi de la tension superficielle	58
II.4.4.4 Calcul des paramètres stoechiométriques et cinétiques	58
II.5 Caractérisation des biosurfactants produits	59
II.5.1 Extraction des biosurfactants	59
II.5.2 Détermination de la concentration micellaire critique CMC	60
II.5.3 Stabilité des émulsions formées	60
II.5.4 Essai de purification des biosurfactants et caractérisation des extraits semi purifiés	61
II. 5.4 1 Chromatographie sur couche mince	61
II. 5.4.2 Chromatographie sur colonne ou filtration sur gel	61
II. 5.4.2.1 Protocole expérimental	61
II. 5.4.2.2 Analyses spectrophotométriques des éluats	62
CHAPITRE III : RESULTATS ET DISCUSSIONS	63
I Etude de la flore bactérienne halophile : Dénombrement, isolement et identification des bactéries halophiles strictes	63
I.1.Analyses physico-chimiques des échantillons d'eau	63
I.2 Dénombrement de la flore bactérienne halophile	65
I.2.1 identification des isolats	69
I.2.2 Identification des souches halophiles strictes	72
I.2.2.1 Etude des caractères culturaux	72
I.2.2.2 Lipides membranaires	75

I.2.2.3 Etude de la lyse cellulaire — 75
I.2.2.4 Analyse du pigment cellulaire — 77
I.2.2.5 Etude biochimique et physiologique — 78
I.2.2.6 Analyse phylogénétique et alignement — 87

II Production et caractérisation de biosurfactants par les bactéries halophiles strictes — 94

II.1 Criblage de souches productrices de biosurfactants — 94
II.2 Production de biosurfactants par fermentation — 96
II.2.1 Extraction des biosurfactants produits — 103
II.2.2. Concentration micellaire critique CMC — 104
II.2.3 Caractérisation des extraits de biosurfactants — 105
II.2.4 Stabilité des émulsions formées — 110

CONCLUSION GENERALE — 114
REFERENCES BIBLIOGRAPHIQUES — 118
ANNEXES — 136

Liste de Figures

CHAPITRE I

Figure 1 : Représentation schématique des deux parties (hydrophile et hydrophobe) composant le biosurfactant rhamnolipide produit par *Pseudomonas aeruginosa* (Maier, 2003)
Figure 2 : Variations de la tension superficielle, la tension interfaciale et la solubilité en fonction de la concentration en surfactant (Mulligan et Gibbs, 2002)
Figure 3 : L'halophilie chez différents groupes de microganismes (Bitton, 1999).
Figure 4 : Arbre phylogénétique universel d'une analyse comparative de séquences de gènes ribosomiques montrant la distribution des microganismes halophiles (Oren, 2008)
Figure 5 Schémas représentatifs d'un lipide archaebactérien et d'un lipide eubactérien : les lipides bactériens sont composés de phospholipides – le groupement phosphate est joint aux 2 acides gras par le glycérol diester) (A). Chez les lipides des *Archaea*, ils sont composés de phosphate, sulfate ou de carbohydrates joint à la chaîne hydrocarbonée C20 et/ou C40 par le glycérol diether (B et C respectivement) (Lobasso et al., 2008).
Figure 6 ; Quelques habitats des microorganismes halophiles extrêmes (de gauche à droite) Le lac d'Oroumieh (Azerbaïdjan iranien), le salar de Uyuni (grand lac salé, Bolivie), côtières salines (Wellington Australie) et sebkha de Béjaia
Figure 7 : Modifications de la voie d'Entner-Doudoroff chez les *Archaea*. Les voies les plus courantes sont décrites : (A) *Pseudomonas* et autres bactéries ; (B) *Halobacterium* et *Clostridium aceticum* ; (C) *Sulfolobus*, une *Archaea* hyperthermophile. Fd_{red} est la ferrodoxine réduite (D) (Falb et al., 2008).

CHAPITRE II

Figure 8 : Situation géographique des 3 sites de prélèvement (collins maps).
Figure 9 : Protocole d'extraction des lipides membranaires (Vreeland et Hochstein, 1993)
Figure 10 : Schéma du principe d'une culture en batch.

CHAPITRE III

Figure 11 : Dénombrement des bactéries des eaux de sebkha de Beni Maouche (Seb B.M) et sebkha d'In Salah (Seb A.S.) sur milieu SG à pH 7, pH12 et à différentes concentrations de NaCl (%) (p/v)

Figure 12 : Dénombrement de la flore bactérienne totale à partir de l'eau d'injection et de l'eau de gisement
Figure 13 : Aspect des cultures A21 et D21 après 14 jours d'incubation à 40° C, culture centrifugée.
Figure 14 : Aspect macroscopique des souches bactériennes A21, C21 et D21 sur milieu SH solide après 14 jours d'incubation à 40°C.
Figure 15 : Aspect microscopique des bactéries A21 et C21 observées à G x 1000 après coloration de Gram modifiée.
Figure 16 : Aspect microscopique des souches A21 et E21 observées au microscope électronique à balayage
Figure 17 : Chromatographie sur couche mince des lipides polaires extraits à partir de la souche halophile D21 traité par le système de solvant chloroforme-méthanol-acide acétique-eau (85:22,5:10 :4 v/v) sur gel de silice Merck 60 F254
Figure 18 : Influence de la température sur la cinétique de croissance des souches bactériennes A21, D21, C21 et E21, croissance obtenue sur milieu SH à pH7.
Figure 19 : Influence du pH sur la cinétique de croissance des souches bactériennes A21, D21, C21 et E21, croissance obtenue sur milieu SH à 40°C.
Figure 20 : Croissance des souches bactériennes A21, D21, C21 et E21 sur milieu SH à différentes concentrations de NaCl (à 40°C, pH7).
Figure 21 : Croissance des souches bactériennes A21, D21, C21 et E21 sur milieu SH à

différentes concentrations d'ions Mg^{++} (à 40°C, pH7)

Figure 22 : Cinétique de croissance des souches bactériennes A21, D21, C21 et E21, milieu SH liquide additionné de différents alcools (à 40°C, pH7).

Figure 23 : Cinétique de croissance des souches bactériennes obtenus sur milieu SH modifié additionné de différents acides organiques à 40°C pendant 15 jours d'incubation.

Figure 24 : Dendrogramme des souches halophiles A21, C21, E21 et D21 basée sur les séquences de l'ARNr 16S étudiées.

Figure 25 : Dendrogramme des souches halophiles A21 et D21 basée sur les séquences de l'ARNr 16S séquence indiquant la position des souches A21 et D21. L'arbre a été construit en utilisant la méthode d'assemblage de « neighbour joining method ». La séquence de données utilisées a été obtenue à partir de séquences collectées à partir de la banque des séquences nucléotidiques EMBL, *Methanospirillum hungatei* a été utilisé comme outgroup.

Figure 26 : Résultats du test par la méthode drop-collapse sur 3 puits de la plaque de 96 micro puits, (A) Huile Pennzoil + eau distillée, (B) eau distillée et (C) huile pennzoil + mout de fermentation

Figure 27 : Aspects des émulsions obtenues observées au microscope optique

Figure 28 : Variation de la tension de surface des souches bactériennes halophiles strictes A21, B21, C21, D21 et E21 (croissance sur milieu SH modifié par l'ajout du diesel, 40°C et à 200 rpm)

Figure 29 : Suivit de la fermentation en batch de la souche D21 sur milieu SH (40°C, 200 rpm, 1 v.v.m. et pH 7).

Figure 30 : Suivit des paramètres de la croissance :<taux d'utilisation de substrat qs, taux de croissance µ et rendement instantané. (Milieu SH, 40°C, 200 rpm, 1 v.v.m et pH 7).

Figure 31 : Suivit de la fermentation en batch de la souche D21 sur milieu à base de lactosérum (40°C, 200 rpm, 1 v.v.m et pH 7).

Figure 32 : Suivit des paramètres de la croissance : taux d'utilisation de substrat qs, taux de croissance µ et rendement instantané. (Milieu à base de lactosérum, 40°C, 200 rpm, 1 v.v.m et pH 7).

Figure 33 : Emulsion formée avec l'extrait brut du biosurfactant produit par la souche A21 sur milieu SH

Figure 34 : Courbe d'élution obtenue après filtration sur gel Séphadex G75 de l'extrait brut du biosurfactant obtenu : cas de la souche A21

Figure 35 : Profil chromatographique représentant les concentrations en protéines et en sucres des éluas de la chromatographie sur colonne: cas de la souche A21.

Figure 36 : Courbe d'élution obtenue après filtration sur gel Séphadex G75 de l'extrait brut du biosurfactant obtenu : cas de la souche D21

Figure 37 : Profil chromatographique représentant les concentrations en protéines et en sucres des éluas de la chromatographie sur colonne : cas de la souche D21

Figure 38 : Variation d'index d'émulsification (E24) après 48 heures en fonction du taux de NaCl

Figure 39 : Variation d'index d'émulsification (E24) après 48 heures en fonction du pH

Figure 40 : Variation de l'index d'émulsification (E_{24}) en fonction de la concentration d'éthanol

ANNEXES

Figure 41 : Structures de quelques biosurfactants glycolipidiques. (A) rhamnolipide de type I produit par *Pseudomonas aeruginosa*. (B) tréhalose dimycolate par *Rhodococcus erythropolis*. (C) sophorolipide par *Torulopsis bombicola* (Fiechter, 1992).

Figure 42 : Structure des cinq types majeurs de diglycosyl diglycérides isolés chez les bactéries Gram positif (Zajic et Mahomedy, 1984).

Figure 43 : Structures des rhamnolipides R1, R2 R3, R4, RA et RB produits par *Pseudomonas aeruginosa* (Lang et Wullbrandt, 1999).

Figure 44 : Structures du glucose-lipide synthétisé par *Serratia rubidae* (à gauche) et des tréhaloses lipides produits par *Rhodococcus erythropolis* DSM 43215 et *Arthrobacter*

sp. EK 1 (a) et par *R. erythropolis* SD -74 (b) *(à droite)* (Wagner et Lang, 1996).
Figure 45 :Structure de sophrolipide produit par *Candida bombicola* ATCC 22214 *(à gauche)* et du mannosyl érythritol lipide produit par *Candida antarctica* T-34 *(à droite)* (Wagner et Lang, 1996).
Figure 46 : Structure générale de la lichenysine A (Yakimov et al., 1999) *(à gauche) et des* acides gras *(à droite)* (Zajic et Mahomedy, 1984).
Figure 47 : Situation géographique de la région de Beni Maouche (Google maps).
Figure 48 : Situation géographique de la région de In Salah (collins maps).
Figure 49 : Procédé d'injection des eaux pour la récupération secondaire du pétrole
Figure 50 : Courbe étalon des sucres réducteurs obtenus à 530 nm.
Figure 51 : Courbe d'étalonnage de la solution BSA.

Liste de Tableaux

CHAPITRE I

Tableau I: Biosurfactants à propriétés antimicrobiennes
(Zajic et Mohamedy, 1984. Pattanathu et Gakpe, 2008)

Tableau II: Toxicité de quelques biotensioactifs comparée à celle des surfactants chimiques (Christofi et Ivshina, 2002)

Tableau III : Microganismes producteurs et exemples de biosurfactants importants (Rosemberg et Ron ,1999).

Tableau IV : Les applications industrielles des biosurfactants
(Mukherjee et al., 2006; Singh et al., 2007)

Tableau V : Catégories de microganismes halophiles (Kushner, 1985).

Tableau VI : Résumé des caractéristiques majeures différenciant *Archaea*, *Bacteria* et *Eucarya* (Madigan et Martinko, 1997)

Tableau VII : Techniques minimales standard exigées et recommandées pour identifier un taxon appartenant aux *Halobacteriaceae* (Oren et al., 1997)

CHAPITRE II

Tableau VIII : Composition biochimique des milieux de culture utilisés

CHAPITRE III

Tableau IX: Résultats des analyses physicochimiques des eaux prélevées

Tableau X : Composition de quelques lacs hypersalés et de saumures (Vreeland et Hochstein, 1993).

Tableau XI: Affiliations préliminaires des souches bactériennes isolées à partir de l'eau d'injection

Tableau XII : Répartition des isolats obtenus à partir de la sebkha de Beni Maouche

Tableau XIII : Spectre d'absorbance des pigments des souches bactériennes dans l'Ultraviolet et le Visible

Tableau XIV : Pourcentage de similitude de la séquence ARNr 16Sde souche A21 avec quelques espèces du genre *Halovivax*

Tableau XV : Pourcentage de similitude de la séquence ARNr 16Sde souche D21 avec quelques espèces du genre *Haloarcula*

Tableau XVI : Caractéristiques globales des souche A21, D21, C21 et E21

Tableau XVII Criblage des souches productrices de biosurfactants par mesure des index d'émulsification moyens et de la tension superficielle, cultures obtenues sur milieu SH à 40°C et à 200 rpm

Tableau XVIII : Valeurs de Rf obtenues après révélation des plaques de CCM

ANNEXES

Tableau XIX : 28 genres de la famille des *Halobacteriaceae*
Tableau XX : Composition des lipides polaires chez les *Halobacteriaceae*
Tableau XXI : Préparation des dilutions pour l'élaboration de la courbe étalon des sucres réducteurs.
Tableau XXII : Préparation des dilutions de BSA
Tableau XXIII : Préparation de la gamme étalon pour le dosage des protéines
Tableau XXIV : Aspect macroscopique et microscopique des souches isolées à partir de

l'eau d'injection

Tableau XXV : Résultats des tests biochimiques des souches bactériennes isolées à partir de l'eau d'injection

Tableau XXVI : Aspect macroscopique, microscopique et biochimiques des souches bactériennes isolées de l'eau de gisement cultivées sur milieu SG

Tableau XXVII : Résultats de l'étude de certains caractères culturaux et biochimiques des souches halophiles isolées à partir de la sebkha d'In Salah

Tableau XXVIII : Résultats de l'effet de la concentration du sel NaCl sur les souches bactériennes halophiles isolées des eaux de la sebkha d'In Salah

Tableau XXIX: Résultats de l'effet de la concentration en ions Mg++ sur les souches bactériennes halophiles isolées des eaux de la sebkha de In Salah

Tableau XXX : Etude des caractères culturaux des souches halophiles isolées à partir de l'eau de sebkha de Beni Maouche.

Tableau XXXI : Détermination de la concentration optimale de NaCl des souches halophiles isolées à partir de la sebkha de Beni Maouche.

Tableau XXXII : Détermination de la concentration optimale en ions de Mg++ des souches halophiles isolées à partir de la sebkha de Beni Maouche.

Tableau XXXIII : Résultats de la détermination des caractères physiologiques des souches halophiles isolées à partir de la sebkha de Beni Maouche.

Tableau XXXIV : Résultats des antibiogrammes effectués sur les souches bactériennes halophiles strictes testées

Résumé

L'isolement des *Archaea* halophiles extrêmes a été effectué sur des échantillons d'eau provenant d'écosystèmes aquatiques extrêmes. Il s'agit des eaux de sebkhas, les eaux d'injection et des eaux de gisement de pétrole prélevées de différentes régions du sud de l'Algérie. L'analyse chimique effectuée sur ces eaux a montré une richesse quantitative et qualitative en minéraux et oligo-éléments.

L'étude de la microflore bactérienne de ces échantillons d'eau a révélé la présence d'une biodiversité importante. Toute fois, l'objectif de ce travail consistait à isoler les *Archaea* halophiles et de démontrer leur capacité à produire des biosurfactants. Ces microorganismes halotolérants capables de vivre dans des environnements salins, offrent une multitude d'applications réelles ou potentielles dans divers domaines des biotechnologies. C'est la raison pour laquelle des souches appartenant aux *Halobacteriaceae* ont été isolées. Ces souches ont subi un criblage en vu de produire des biosurfactants dans un milieu liquide en utilisant la méthode collapsing accompagné de l'évaluation de l'abaissement de tension superficielle des milieux de croissance.

Parmi les souches halophiles strictes isolées, les isolats A21, C21, D21 et E21 provenant des eaux de sebkha d'In Salah ont été sélectionnés pour leur capacité à se développer à pH neutre en présence de 3-5.2 M de NaCl. Ces souches ont été rattachées au domaine des *Archaea*, à la famille des *Halobacteriaceae*. Le séquençage partiel de la séquence de l'ARN 16S de la souche désignée A21 a été comparé aux autres archeabacteries halophiles. Nous avons démontré que cette souche possédait des similitudes d'apparenté très élevées de 97% avec celles du genre *Halovivax*, nous l'avons décrite espèce *Halovivax spp.* La souche D21 correspond au genre *Haloarcula* décrite temporairement *Haloarcula spp.* et quant aux isolats C21 et E21, ils pourraient appartenir au genre *Natrialba*, se sont probablement des espèces différentes et nouvelles.

Ces mêmes souches (A21, C21, D21 et E21) ont été également sélectionnées pour leur aptitude à produire des biosurfactants, formant ainsi des émulsions très stables et réduisent la tension de surface à des valeurs inférieures à 40 mNm^{-1}. Cependant, les souches A21 et D21 produisent des biosurfactants qui génèrent des émulsions ayant une très une forte stabilité dans le temps. Toutefois, la localisation des biosurfactants a été retrouvée dans les surnageants de culture, il s'agit de polymères extracellulaires. Les émulsions formées ont été testées dans diverses conditions physicochimiques, leur stabilité a été étudiée dans des conditions de température (émulsions stables à trois cycles de gel et de dégel), de pH allant de pH (2 à 11), 35% de NaCl et de 25% d'éthanol. Des essais de purification des biosurfactants suivie de leur caractérisation ont montré la présence de peptides, glucides et lipides dans leur structure partielle. Dans un but de valorisation de déchets agroalimentaire, nous avons réalisé des fermentations sur une matière première bon marché (le lactosérum) en tant que substrats, des rendements conséquents ont été obtenus pour la production de biosurfactants.

INTRODUCTION GENERALE

Les biosurfactants sont des molécules tensioactives produites par une grande variété de microorganismes (bactéries, levures et champignons), soit sécrétés à l'extérieur de la cellule, soit liés à des parties de la cellule. Parmi les différents biosurfactants recensés, on trouve des glycolipides, des lipopeptides, des phospholipides, des lipides neutres, des acides gras ou des lipopolysaccharides. Les biosurfactants ont été utilisés comme agents de dissolution. Leurs applications ont été étendues à d'autres domaines, comme une meilleure alternative aux produits chimiques tensioactifs (carboxylates, sulfonates), en particulier dans les produits alimentaires, pharmaceutiques et dans l'industrie pétrolière. Aussi, ils possèdent de nombreux avantages par rapport aux surfactants synthétiques. Ils offrent des applications variées aussi bien dans le domaine environnemental que le domaine médical.

Tout comme leurs homologues de synthèse chimique, les biosurfactants peuvent avoir des propriétés émulsifiantes, mais également des propriétés plus spécifiques (comme par exemple, les activités antibiotiques). Certaines de ces propriétés peuvent, de plus, être conservées dans des conditions extrêmes d'utilisation telles que la salinité saturante, pH acides, températures élevées, etc. Très peu de travaux décrivent la production des biosurfactants par les microganismes en milieux extrêmes, en particulier des environnements salins (Ghojavand et *al.*, 2008 ; Kebbouche-Gana et *al.*, 2009). Les microorganismes halophiles et halotolérants produisent des biosurfactants qui peuvent jouer un rôle significatif dans la remédiation accélérée des environnements salins, pollués par le pétrole.

Yakimov et *al.* (1995) ont signalé la production de biosurfactant par des bactéries halotolérantes appartenant au genre *Bacillus*. Bertrand et *al.*, (1990) ont mis en évidence des isolements de bactéries halophiles extrêmes à partir de réservoirs de pétrole. Les organismes majeurs peuplant les réservoirs de pétrole sont souvent des bactéries et des *Archaeabactéries*. Selon les mêmes auteurs, les conditions physico-chimiques dans les réservoirs de pétrole telles que la salinité, le pH, la pression, les conditions redox et la température, représentent des obstacles dans l'isolement et l'étude des microorganismes présents. La plupart des informations obtenues ont été recueillies à partir des échantillons de pétrole provenant des réservoirs, des bactéries thermophiles et des *Archaeabactéries* hyperthermophiles ont été isolées d'échantillon d'eau de gisement de pétrole (Grassia et *al.*, 1996).

Toute fois, la composition des lipides membranaires de type phytanylglycérol des Halobactéries jouerait un rôle comme agents de surface. Les biopolymères sécrétés par ces bactéries sont intrinsèquement très stables et peuvent avoir des applications comme agents émulsifiants dans l'industrie de la récupération du pétrole (Anton et al., 1988 ; Austin 1989). Cette même activité tensioactive liée à l'éther phytanyl des membranes lipidiques des *Archaeabactéries* extrêmement halophiles a été démontrée par Post et Collins (1982).

En Algérie, les écosystèmes aquatiques hypersalins, Chotts et Sebkhas ainsi que les eaux de gisement et d'injection liées à l'exploitation pétrolière ont été peu étudiés (Hacéne et al., 2004; Kharoub et al., 2006). Ils sont pourtant potentiellement riches en microorganismes adaptés à ces milieux extrêmes.

Sur les hauts plateaux se situent des bassins endoréiques alimentant des Chotts et des Sebkhas. Les Chotts sont essentiellement alimentés par des eaux de pluie, les Sebkhas par des oueds (rivières). Les deux sont généralement de faible profondeur et présentent une salinité élevée ou très élevée du fait des substrats géologiques sur lesquels ils se forment.

Plus au sud, c'est essentiellement l'industrie pétrolière qui prédomine. Un gisement de pétrole ne produit en effet pas que de l'huile, mais aussi de l'eau et du gaz. Les nappes de pétrole se mêlent à la phase aqueuse souterraine appelée: eau de gisement ou eau de formation qui est une eau fossile située à grande profondeur (nappe albienne). Cette eau est généralement saline, voire hyper saline. Par ailleurs, l'exploitation des puits de pétrole implique généralement l'injection d'eau afin de créer la pression nécessaire à la remontée du pétrole, elle est donc consommatrice d'une eau prélevée dans la nappe aquifère supérieure laquelle est également saline.

Ces sources d'eaux constituent des environnements extrêmes, dont les conditions physico-chimiques sont *a priori* peu favorables au développement de la vie. Les organismes qui s'y trouvent ont donc du s'adapter à ces conditions et nous sommes fondé à penser qu'ils doivent avoir des propriétés particulières. Le choix porté sur de ces eaux n'a pas été fortuit. De nombreux auteurs considèrent que ces eaux appartiennent à des biotopes extrêmes qui peuvent héberger des formes de vie extrémophiles (Miranda-Tello et al., 2003; Bonilla et al., 2004 Ghojavand et al., 2008).

L'objectif de notre étude se résume à l'isolement d'Archeabactéries halophiles à partir de ces eaux et de démontrer leur aptitude à produire des biosurfactants en réalisant un screnning. Nous analyserons sommairement les communautés de microorganismes de ces écosystèmes par une approche classique. Nous rechercherons des activités tensioactives d'intérêt environnemental et industriel et nous caractériserons du point de vue biochimique les biosurfactants produits par fermentation.

Le présent travail se subdivise en trois parties. La première porte sur une analyse de la littérature scientifique où sont exposées les données relatives aux biosurfactants (classification et production par fermentation), leur toxicité et leur utilisation dans différents domaines; suivies de l'étude des *Archaea* halophiles. Dans la seconde partie, le matériel et méthodes seront présentés, ainsi que les caractéristiques des appareillages et des produits utilisés. La troisième partie sera consacrée à la présentation et la discussion des résultats obtenus et d'une conclusion générale accompagnée d'une bibliographie complétant cette rédaction.

Les résultats expérimentaux obtenus lors de cette étude contribueront à une meilleure connaissance des propriétés des biotensioactifs étudié ainsi que des mécanismes de solubilisation des hydrocarbures à partir de sols pollués. Ces connaissances permettront d'appréhender les potentialités d'utilisation de ces tensioactifs dans le cadre de la réhabilitation de sites salins pollués.

CHAPITRE I. ETUDE BIBLIOGRAPHIQUE

I. Les biosurfactants

Les tensioactifs, ou "surfactants" ("Surface Active Agent") sont des molécules capables de réduire les tensions inter-faciales entre une ou deux phases de polarités différentes comme l'huile et l'eau, l'air et l'eau ou encore l'eau et un solide (Fiechter, 1992 ; West et Harwell, 1992 ; Banat, 2000). Ils sont principalement utilisés en tant qu'agents émulsifiants ou dispersants.

Les biosurfactants sont des molécules amphiphiles constituées d'une partie hydrophile polaire et d'une partie hydrophobe non polaire (Figure1). Généralement, le groupement hydrophile est constitué d'acides aminés, peptides ou de polysaccharides (mono ou di) ; le groupement hydrophobe est constituée d'acides gras saturés ou non saturés (Desai et Banat, 1997).

La portion hydrophile de la molécule permet de distinguer quatre types de tensioactifs chimiques (Parra et al., 1989 ; West et Harwell, 1992): les cationiques qui possèdent une charge positive; les anioniques, gents de surface possédant un ou plusieurs groupes fonctionnels s'ionisant en solution aqueuse pour donner des ions chargés négativement; les non ioniques, sans charge et les amphotères (zwitterioniques) qui possèdent deux groupements hydrophiles différents : l'un anionique et l'autre cationique.

Selon le pH de la solution, ils peuvent agir en tant qu'espèce anionique, cationique ou neutre. La portion hydrophobe, quant à elle, influe sur la chimie du surfactant par son aromaticité, son nombre de carbone ou son degré de ramification (West et Harwell, 1992).

La production mondiale de surfactants chimiques se chiffre à plus de 3 millions de tonnes par année (Murguia et al. 2008). La plupart des surfactants commercialement disponibles sont d'origine chimique (alkylarylsulfonates, alcanesulfonates, oléfinesulfonates) et dérivent du pétrole. Ils présentent un risque pour l'environnement car ils sont généralement toxiques et non biodégradables (Page et al., 1999; Vipulanandan et Ren, 2000).

C'est pourquoi, depuis quelques années, et grâce à l'essor des biotechnologies, les scientifiques se sont intéressés à des surfactants produits par des organismes vivants : les tensioactifs biologiques ou biosurfactants. Ils possèdent les mêmes propriétés tensioactives que leurs homologues chimiques, mais ont l'avantage d'être biodégradables, non toxiques et qui sont également efficaces, dans le cas de micro-organismes extrêmophiles, à des températures, des pH et des salinités extrêmes (Banat, 2000). Cependant, leurs coûts de production demeurent encore assez élevés et freinent jusqu'à présent leur utilisation (Bognolo, 1999).

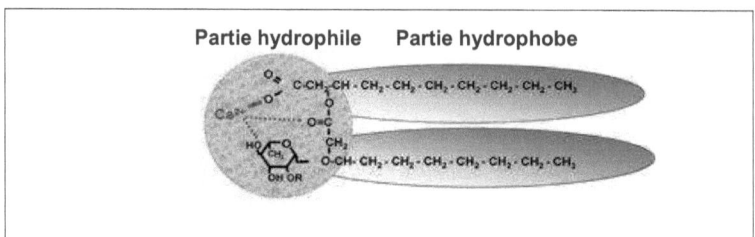

Figure 1 : Représentation schématique des deux parties (hydrophile et hydrophobe) composant le biosurfactant rhamnolipide produit par *Pseudomonas aeruginosa* (Maier, 2003)

Les substrats de croissance pour les micro-organismes producteurs de biosurfactants sont peu coûteux, mais le faible taux de production et les procédures de purification font que leurs coûts peuvent être parfois supérieurs à ceux des tensioactifs chimiques (Van Dyke *et al.*, 1991 ; Fiechter, 1992).

Les biosurfactants sont classés suivant leurs natures biochimiques. Les données bibliographiques révèlent que la majorité des biosurfactants produits sont de type anionique ou non ionique (Cameotra et Makkar, 1998 ; Bognolo, 1999). Il existe peu de structures cationiques (Mulligan *et al.*, 2001): cependant, et dans certains cas, la présence de groupements contenant des atomes d'azote confère un certain caractère cationique à la molécule, ce qui va influencer ses propriétés d'adsorption ou de floculation par exemple.

I.1 Classification des biosurfactants

I.1.1 Selon leurs structures

Selon leur nature biochimique, on distingue cinq grandes classes : les glycolipides, les lipopeptides, les phospholipides, les liposaccharides et les lipides neutres (Annexe 1) (Healy *et al.*, 1996).

I.1.1.1 Les glycolipides

Les glycolipides sont constitués d'hydrates de carbone en combinaison avec une longue chaîne d'acides aliphatiques ou d'acides hydroxyaliphatiques (Healy *et al.*, 1996 ; Ron et Rosenberg, 2002). Selon Morita *et al.*, (2006), les bactéries telles que *Pseudomonas*, *Streptococcus* produisent des glycolipides, parmi ces derniers, on distingue: les rhamnose-lipides (ou rhamnolipides), les glucose-lipides, les tréhalose-lipides, les pentasaccharide-lipides et mélange varié.

Des espèces telles que *Torulopsis*, *Pseudomonas* ou *Arthrobacter* ont la capacité de synthétiser des sophorose-, rhamnose-, tréhalose-, saccharose-, et fructose-lipides. Les espèces *Candida* et *Shizonella* des lipides mannosyl érythritol et *Ustilago zeae* des lipides cellobiose (Pattanathu et Gakpe, 2008).

D'après Laurila (1985), les glycolipides bactériens sont groupés selon deux catégories: Les glycosyl-diglycérides et les dérivés de sucres acylés.

* **Les glycosyl-diglycérides**

Ce sont des composés de résidus de carbohydrates liés par liaison glycosidique, au niveau de la position C3 d'un 2-diglycéride, par le carbone 1 du sucre. Dans cette catégorie, le glycosyl-diglycérides le plus commun rencontré chez les bactéries est celui du diglycosyl-diglycéride (Spencer et al., 1979).

* **Les dérivés de sucre acylés**

D'après Zajic et Mahomedy (1984) et Laurila (1985), les dérivés de sucre de source acylé ne contiennent pas du glycérol, mais possèdent des résidus d'acides gras attachés à un sucre. Par ailleurs, connaissant la nature du sucre glycolipide, on distinguera :
- **Les rhamnolipides**

Ce sont des glycolipides qui contiennent du rhamnose et de l'acide β-hydroxydécanoïque. Ils sont retrouvés, pour la première fois, par Bergstroïm et al. (1946) chez *Pseudomonas pyocyanea* cultivée sur glucose. Edwards et Hayashi (1965) ont démontré une liaison 1-2 dans le premier rhamnolipide identifié, appelé aussi R2, qui est constitué de deux molécules de rhamnose et de deux molécules d'acide ß-hydroxydécanoïque. Le R2 est le produit unique de *Pseudomonas æruginosa* S7B1 cultivée sur un substrat le n-hexadécane ou les n-paraffine (C_{14}-C_{18}) (Hisatsuka et al., 1971).

En 2006, Thanamsub et al., ont déterminé deux types de rhamnolipides produits par *Pseudomonas aeruginosa* isolés à partir de lactosérum. Ces deux biosurfactants ont été identifiés comme étant des L-rhamnopyranosyl-L-rhamnopyranosyl-β-hydroxydecanoyl-β-hydroxydecanoate ou Rha-Rha C_{10}-C_{10} et L-rhamnopyranosyl-L- rhamnopyranosyl-β-hydroxydecanoyl-β-hydroxydecanoate ou Rha-Rha C_{10}-C_{12}.

- **Les glucoses lipides**

Un autre type de biosurfactant est synthétisé par *Serratia rubideae*: il s'agit du glucose-lipides, obtenu après culture sur un milieu à base de peptone et de glycérol. D'après Wagner et Lang (1996), ce glucose-lipide est constitué d'un acide D-3-hydroxydécanoïque.

- **Les tréhalose-lipides**

Ce sont des glycolipides composés d'un disaccharide: les tréhaloses sont communs dans les lipides extracellulaires de certaines espèces microbiennes telles que: *Arthrobacter, Mycobacterium, brevibacterium, Corynebacterium* et *Nocardia* après leur culture sur des hydrocarbures (Pattanathu et Gakpe, 2008). Selon Wagner et Lang (1996), l'α-tréhalose-2, 2', 3, 4-tétraester, ayant un seul résidu succinoyl et une chaîne d'acide gras au milieu de la chaîne, est connu depuis 1983. Trois souches de bactéries sont capables de le synthétiser : *Rhodococcus erythropolis* DSM 43215, *Arthrobacter sp* EKI et *Rhodococcus erythropolis* SD-74.

- **Les pentasaccharide-lipides**

D'après certains auteurs, le pentasaccharide-lipide le plus connu est celui produit par *Nocardia corynebacteroïdes* SM1 cultivée sur les n-alcanes (Wagner et Lang, 1996).

- **Les mélanges variés**

D'autres molécules de glycolipides sont produites par divers microorganisme. Parmi elles, on distingue: les mono / disaccharides-corynomycolates produits par Arthrobacter sp DSM 2567 (Wagner et Lang, 1996). D'après Spencer et al. (1979), certaines levures produisent des glycolipides en milieux liquides. Ces derniers sont classés en deux catégories: les glycosyl d'acide gras hydroxylés (sophorose lipide) et les esters de polyols d'acide gras (monosylerythritol-lipides) (Wagner et Lang, 1996).

Ustilago maydis (DMS 4500 et ATCC 14826) est l'espèce de moisissure productrice de glycolipides à des taux élevés en utilisant des conditions limitantes d'azote. Cependant à partir de 45 g/l d'un substrat d'acide gras dérivé de l'huile de tournesol, on obtient 30 g/l de glycolipides (Spoeckner et *al.*, 1999). La structure moléculaire des deux composants est déterminée par les nouvelles techniques spectroscopiques la résonance magnétique et la spectrométrie de masse. Ces glycolipides renferment deux types de sucres, les manosylerthritol-lipides (MEL) et les cellobioses-lipides (CL).

Haskins (1950) et Lemieux et *al.* (1951) ont décrit pour la première fois la production de cellobiose-lipide par la souche *Ustilago zeae* PRL-119, par contre, *Ustilago maydis* PRL-627 est productrice de mannosyl érythritol lipide (Spoeckner et *al.*, 1999).

I.1.1.2 Les lipopeptides

Les lipopeptides sont composés d'un lipide attaché à une chaîne polypeptide. Parmi les biosurfactants bactériens de nature lipopeptidique, on distingue:

- **La Surfactine**

C'est une substance fortement active, de nature protéolipidique, produite par *Bacillus subtilis*. Elle a été nommée « surfactine » par Arima et *al.* (1968) et subtilysine par Cooper et *al.*, (1981).

La surfactine est un surfactant très intéressant car elle est capable de réduire considérablement la tension superficielle de l'eau jusqu'à 27 mN/m et présente, en plus, une activité antibiotique (Ratledge et Wilkinson ; 1988; Peypoux et *al.*, 1999; Pattanathu et Gakpe, 2008). Elle est composée d'une séquence de sept acides aminés : L-Glu1-Leu2-D-Leu 3-L-Val4-L-Asp5-D-Leu6–L-Leu7 formant un cycle lactonique avec un acide gras β-hydroxyé en C (13)-C (15). Les variantes peptidiques de surfactine appelées aussi lichenysine ou halobacilline et pumilacidine, sont produites respectivement par les espèces *Bacillus licheniformis* et *Bacillus pumilus* (Yakimov et *al.*, 1995).

- **La lichenysine**

Grangemard et *al.* (1999) ont réussi à isoler une série de 9 lipopeptides (biosurfactants lactoniques) à partir de *Bacillus licheniformis* IM 1307, comme représentants du groupe lichenysine, ils ont proposé de les nommer lichenysine G.

Malgré une structure de base identique à celle des surfactines, les lichenysines diffèrent par le résidu glutaminyl en position1. Un lipopeptide, similaire à la surfactine, a été isolé à partir de *Candida petrophilum*, cultivée sur alcanes, et est considéré comme étant agent émulsifiant d'hydrocarbure (Pattanathu et Gakpe, 2008). D'autre part, *Streptomyces canus* produit un lipopeptide tensio-actif (Kieslich, 1984).

- **Les lipoamino-acides**

Un lipide qui contient un seul amino-acide l'ornithine provoquant l'émulsion est produit par *Pseudomonas rebescens* (Pattanathu et Gakpe, 2008).

- **Les biosurfactants à propriétés antimicrobiennes**

Ce sont des produits naturels extracellulaires (métabolites secondaires) et sont produits par divers microorganismes : certains fonctionnent comme agents tensio-actifs en réduisant la tension superficielle (Zajic et Mohamedy, 1984). Le Tableau I représente les différents peptides bioactifs qui agissement comme surfactants.

Quelques biosurfactants comme les lipopeptides produits par *Bacillus licheniformis* BAS50 (Yakimov et *al.*, 1995), les glycolipides élaborés par *Streptococcus thermophilus A* (Rodrigues et *al.*, 2006), et les glycolipides synthétisés par *Tsukamurella sp.* (Langer et *al.*, 2006) présentent une activité antibactérienne, certains présentent une activité antivirale (Benincasa et *al.*, 2004 : Haba et *al.*, 2002) comme les rhamnolipides produits par *Pseudomonas aeroginosa* B189 (Thanamsub et al., 2006).

Tableau I: Biosurfactants à propriétés antimicrobiennes
(Zajic et Mohamedy, 1984. Pattanathu et Gakpe, 2008)

Biosurfactants	Microorganisme producteur
N-Acétylmuramyl-talanyl	*Staphylococcus aureus*
D-isoglutamine	*Escherichia coli, B. cereus*
Actinoboline	*S. grisceviridis*
Bacilysine	*B. subtilis*
Bacitracine	*B. licheniformis*
Edeine	*B. brevis*
Esperine	*B. mesentericus*
Gramicidine A, B	*B. brevis*
Gramicidine S	*B. brevis*
Mycobacilline	*B. subtilis*
Mycobactines	*Mycobacterium sp.*
Octapeptines	*B. circulans*
Phosphoramidon	*S. tanashiensis*
Polymyxines	*B. polymexa, B. colistinus, B. circulans*
Polypeptines	*B. circulans*
Subtiline	*B. subtilis*
Surfactine	*B. subtilis*

I.1.1.3 Les phospholipides

Les phospholipides sont formés de groupements alcool et phosphate et de chaîne lipidique (Healy et al., 1996). Bognolo (1999) indique que bien que présents dans tous les microorganismes, il y a peu d'exemples de production extracellulaire.

Divers phospholipides sont isolés à partir de culture de cellules libres de *Thiobacillus thioxidans*. Ces phospholipides se lient à l'élément souffre qui est nécessaire à la croissance cellulaire (Rosenberg et Ron, 1999).

Ainsi, les phospholipides sont classés selon deux groupes : *Les glycérophospholipides* et *les glycophospholipides* (Zajic et Mohamedy, 1984). Les premiers contiennent deux acides gras (R1 et R2) estérifiés au glycérol, et un seul groupe phosphate, qui a généralement d'autres substitutions (Zajic et Mohamedy, 1984).

I.1.1.4 Les polymères (lipopolysaccharides)

Les lipopolysaccharides ou polymériques sont constitués d'une ou plusieurs unités saccharides et d'acides gras. Ce sont les biosurfactants qui possèdent la masse molaire la plus élevée. La molécule lipopolysaccharide (LPS) est constitué de trois régions attachées entre elles: région du composant hydrophobe, désignée par le terme lipide A, région du centre oligosaccharide et une région O-spécifique (Laurila, 1985 ; Zajic et Mahamedy, 1984). Un complexe polysaccharide a été isolé à partir de la membrane cellulaire de la levure *Candida tropicalis* après culture sur hydrocarbure (Laurila, 1985).

I.1.1.5 Les acides gras et les lipides neutres (mono et diglycérides)

Les acides gras et les lipides neutres sont retrouvés chez tous les microorganismes et sont souvent des produits extracellulaires (Zajic et Mohamedy, 1984).

Les acides gras se divisent en quatre groupes suivants : les acides gras à chaîne droite, acides gras à chaîne ramifiée, acides gras insaturés et les acides gras formés d'un cyclopropane.

Généralement, la production extracellulaire des acides gras et des lipides neutres nécessite une croissance des microorganismes sur hydrocarbures. La plupart de ces acides gras (exemple, les acides carboxyliques) et les lipides neutres (les alcools, les esters, les mono et les diglycérides) manifestent certains degrés d'activités superficielles (Laurila, 1985). A titre d'exemple, le biosurfactant produit par *Corynebacterium leprus* est formé par des acides gras corynomyeoliques (Banat, 2000).

I.1.2 Classification des biosurfactants selon la masse moléculaire

On distingue deux types de biosurfactants. Les premiers se caractérisent par une faible masse moléculaire, se sont généralement des glycolipides et des lipopeptides. Les seconds ont une masse moléculaire plus importante, il s'agit de polysaccharides amphiphiles, de protéines, de lipopolysaccharides, de lipoprotéines ou de mélanges de ces biopolymères. Les protéines ont des activités de surface permettant la diminution de la tension inter faciale des fluides. Les biosurfactants de basse masse moléculaire abaissent les tensions de surface et interfaciale plus fortement que les protéines qui le sont moins (Zajic et Mahomedy, 1984).

I.2 Propriétés physico-chimiques des biotensioactifs

I.2.1 Abaissement de la tension superficielle

La tension superficielle est définie comme étant la force existante à la surface d'un liquide dû à l'attraction entre les molécules qui s'opposent à la rupture de la surface (Holmberg, 2001). La tension superficielle s'exprime en $Dyne.Cm^{-1}$ ou $mN.m^{-1}$.

Les biosurfactants diminuent considérablement la tension superficielle de l'eau, même dans les solutions très diluées. Ainsi à titre d'exemple, la tension superficielle de l'eau pure est de 62.80 mN/m à 20°C et en présence d'un biosurfactant, elle peut atteindre une valeur de 30 mN/m (Holmberg, 2001). L'adsorption des biosurfactants et la diminution de la tension superficielle sont responsables de la formation de mousses.

I.2.2 Concentration micellaire critique

La tension superficielle est corrélée avec la concentration de l'agent tension actif ajouté aux systèmes air/eau ou huile/eau à des concentrations croissantes, jusqu'à ce que la réduction de la tension de surface atteigne un niveau critique au-dessus duquel les molécules amphiphiliques s'associent aisément pour former des micelles. Cette valeur est connue sous le nom de la concentration micellaire critique (CMC). La CMC est définie comme étant la concentration minimale nécessaire pour initier la formation de micelles, (Becher 1965).

En général les biosurfactants sont plus efficaces et leur CMC est d'environ 10-40 fois inférieure à celle des surfactants chimique. Dans la pratique, la CMC est aussi la concentration maximale de surfactants monomères en solution dans l'eau (Figure 2). Elle est influencée par le pH, la température et la force ionique (Mulligan et Gibbs, 2002).

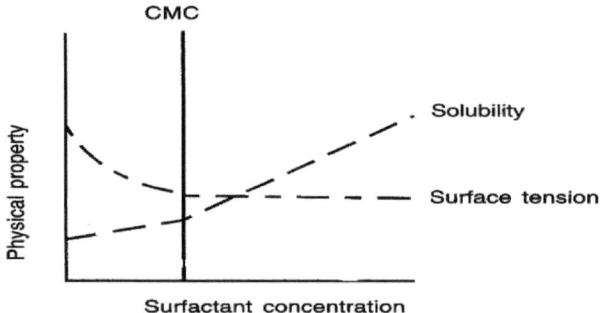

Figure 2 : Variations de la tension superficielle, la tension interfaciale et la solubilité en fonction de la concentration en surfactant (Mulligan et Gibbs, 2002)

L'activité de nombreux biosurfactants n'est pas altérée dans certaines conditions physicochimiques de température et de pH. McInerney et al. (1990) ont indiqué que la lichenysine produite par B. licheniformis JF-2 n'est pas été altérée par une température proche de 50°C, d'un pH allant entre pH 4.5 et 9.0 et aussi par des concentrations de NaCl et de Calcium égales respectivement à 50 et 25 g/l. Le lipopeptide produit par B. subtilis LB5a est aussi stable après un autoclavage à 121°C pendant 20 min et garde sa stabilité après 6 mois de conservation à -18°C, l'activité de surface n'a pas changée en présence de concentration de NaCl atteignant les 20% (Nitschke et Pastore, 2006).

I.3 Toxicité et biodégradabilité

De nombreux travaux ont parte sur la toxicité des surfactants chimiques, mais en revanche peu de recherches ont été effectuées sur les biosurfactants. Edwards *et al.* (2003) ont comparé la toxicité de trois surfactants chimiques et biologiques sur deux invertébrés marins (*Mysidopsis bahia* et *Menidia beryllina*) et ont conclu que les biotensioactifs ont des toxicités inférieures à celles des surfactants chimiques.

Par exemple, l'emulsan qui est le biosurfactant le moins toxique de l'étude, présente une CL50 (concentration létale) supérieure à 200 mg.L^{-1}. A titre de comparaison, le Triton X 100, d'origine chimique et largement utilisé dans l'industrie, sa CL50 est de 2,5 à 6 mg.L^{-1}. Le Tableau II regroupe quelques valeurs de concentrations effectives, et montre qu'en général les biosurfactants sont moins toxiques que leurs analogues chimiques.

Des tests de toxicité réalisés par Haba *et al.* (2003) ont montré que les rhamnolipides produits par une souche de *Pseudomonas aeruginosa* étaient classés comme produits non irritants et non toxiques. De nombreux auteurs indiquent que les biotensioactifs sont biodégradables (Parra *et al.*, 1989; Herman *et al.*, 1995 ; Banat, 2000 ; Vipulanandan et Ren, 2000).

Tableau II: Toxicité de quelques biotensioactifs comparée à celle des surfactants chimiques (Christofi et Ivshina, 2002)

Surfactant	Origine	CE50 (mg.L^{-1})
Rhodococcus ruber AC 235 glycolipide complexe Tréhalose dicorynomycolate de *R. erythropolis* Tréhalose tétraester de *R. erythropolis* Rhamnolipide de *Pseudomonas aeruginosa* Stéarate de sucrose (DK 50)	Biologique	650 49 286 50 67
Finasol OSR-5 Corexit 9597 Inipol EAP 22	Chimique	7 5 0,004

CE50 : concentration effective à 0%, c'est-à-dire affectant 50% de la population testée.

I.4 Production de Biosurfactants par voie fermentaire

Le principal frein à l'utilisation des biosurfactants est leur coût. En effet, Bognolo (1999) indique que les prix varient de 8 €.mg^{-1} pour de la Surfactine purifiée à 98 % (utilisations biomédicales) à 1 à 3 €.kg^{-1} pour des formulations d'emulsan utilisées dans les années quatre vingt (80) pour le nettoyage des cuves. De récentes estimations indiquent un coût de revient de 2 à 16 €.kg^{-1}.

Lang et Wullbrandt (1999) indiquent que pour la production de rhamnolipides en grande quantité dans des fermenteurs de 20 à 100 m^3, les coûts diminuent de 16 à 4 €.kg^{-1}. Par comparaison, les coûts de surfactants chimiques sont de l'ordre de 0,5 à 2 €.kg^{-1}. Ainsi, le succès de l'utilisation et la production des biotensioactifs passe par une diminution des coûts de production.

Cette diminution pourra être atteinte grâce à la valorisation de substrats de croissance à faible coût (Mukherjee et al., 2006). Par exemple, Makkar et Cameotra (2002) indiquent qu'il est possible d'utiliser des déchets d'origine agricole pour diminuer les coûts de production et de réduire au même temps, les quantités de déchets engendrés par diverses entreprises. Une étude réalisée par Mercadé et Manresa (1994) reporte des taux de production de rhamnolipides de 1,4 g.L^{-1} par des cellules de *Pseudomonas* cultivées sur des sous-produits industriels.

Ainsi, pour réduire le coût, il est souhaitable d'utiliser les matières premières à faible coût pour la production de biosurfactants. Une possibilité est largement exploré c'est l'utilisation de matière première bon marché d'origine agricole en tant que substrats pour la production de biosurfactants. Une variété de matières premières bon marché, y compris les huiles d'origine végétale, les déchets d'huile (huiles usagés), les substances amylacées, le lactosérum et les déchets de distillerie ont été reportés pour l'appui de la production de biosurfactants (Abalos et al., 2001, Chen et al., 2007).

I.4.1 Microorganismes producteurs et physiologie

Les biosurfactants sont principalement produits par des micro-organismes se développant de manière aérobie (Mulligan et al., 2001) dans un milieu aqueux contenant une ou plusieurs sources de carbone, comme des hydrates de carbone, des huiles ou des hydrocarbures (Bognolo, 1999 ; Mulligan et al., 2001). Ces microorganismes sont, en général, des levures (Konishi et al., 2007), des champignons ou des bactéries (Kozhuharova et al., 2008) (Tableau III).

Le principal rôle physiologique du tensioactif est de permettre aux micro-organismes de se développer sur des substrats insolubles en réduisant la tension interfaciale entre l'eau et le substrat, rendant ce dernier plus facilement accessible. Les bactéries utilisées pour produire les biosurfactants sont, en général, issues de sols contaminés par des molécules hydrophobes telles que les hydrocarbures aromatiques polycycliques (HAP) (Mata-Sandoval et al., 2002; Van Hamme et al., 2006).

Bien que de nombreuses espèces produisent des biotensioactifs, la régulation de leur synthèse est encore mal connue, sauf pour les souches de *Pseudomonas aeruginosa* et *Bacillus subtilis* qui ont été les bactéries les plus étudiées (Banat, 2000).

La biosynthèse des rhamnolipides par des souches de *Pseudomonas aeruginosa* se réalise pendant la phase exponentielle de croissance et est due à un transfert séquentiel glycosyl catalysé par des transférases rhamnosyl spécifiques : il y a intervention de donneurs rhamnosyl, les TPD transférases. Deux transférases différentes permettent la formation de quatre rhamnolipides différents (Koch *et al.*, 1991).

Les biosurfactants sont habituellement des métabolites produits au cours de la phase de latence, logarithmique et/ou stationnaire de croissance (Mulligan et Gibbs, 2002). Les molécules de biosurfactant sont associées aux membranes des bactéries et sont souvent secrétées dans le milieu (Thangamani et Shreve, 1994).

I.4.2 Paramètres influençant la production des biosurfactants

Le type et la quantité de biotensioactifs produits varient avec la composition du milieu (source de carbone ou autres nutriments) et les conditions de culture (température, agitation, pH, etc).

I.4.2.1 Source de carbone

La source de carbone est un des paramètres influençant le plus la production des biotensioactifs, soit par induction, soit par diminution de la quantité produite (Amézcua-Vega, 2007). Les sources de carbone solubles dans l'eau (glycérol, glucose, mannitol ou éthanol) sont utilisées pour produire des rhamnolipides: cependant, les rendements semblent être inférieurs à ceux obtenus sur des substrats insolubles (Desai et Banat, 1997; Cameotra et Makkar, 1998), comme des n-alcanes ou de l'huile d'olive. En effet, les bactéries ont la capacité de croître sur des substrats hydrophobes. Une souche de *Pseudomonas citronellolis KHA* a produit des tensioactifs sous forme d'esters d'acide gras sur un substrat constitué de gasoil (Sadouk *et al.*, 2008), la production étant plus faible pour le phénanthrène que pour le naphtalène. Haddad et *al.*, (2008) ont caractérisé des biosurfactants produits à partir de lactosérum par *Brevibacillus brevis* HOB1.

Mata-Sandoval *et al.* (2002) reportent que les huiles végétales sont parmi les substrats qui fournissent des taux de production de rhamnolipides les plus élevés lorsqu'ils sont utilisés comme seule source de carbone et avec certaines souches de *Pseudomonas aeruginosa*. Le changement du substrat carboné altère la structure des molécules produites. En effet, Fiechter (1992) indique que le remplacement du substrat initial par du sucrose entraîne la formation de glycolipides à base de sucrose au lieu de glycolipides à base de tréhalose. Il est également possible d'ajouter d'autres sources de carbone afin d'augmenter les rendements de production.

Tableau III : Microganismes producteurs et exemples de biosurfactants importants (Rosemberg et Ron, 1999).

Biosurfactants	Microorganismes producteurs	Tension de surface (mN/m)
Glycolipides		
Rhamnolipides	Pseudomonas aeruginosa	29
Trehalolipides	Rhodococcus erythropolis Mycobacterium sp.	32-36 38
Sophrolipides	Torulopsis bombicola Torulopsis apicola	33 30
Lipolipides et lipoprotéines		
Surfactine	Bacillus subtilis	27-32
Lichenysine	Bacillus licheniformis	27
Viscosine	P. fluorescens	26.5
Gramicidines		
Polymyxines	Bacillus brevis B. polymyxa	
Acides gras, lipides neutres et phospholipides		
Acides gras		30
Lipides neutres	Candida lepus Nocardia erythropolis	32
Phospholipides		
	Thiobacillus thioxidans	1
Biosurfactants polymériques		
Emulsan	Acinetobacter calcoaceticus	
Liposan	Candida lipolytica	
Alsane	A. radioresisten	41
Biodispersane	A. calcoaceticus	
Biosurfactants particuliers Vésicules et fimbriae	A. calcoaceticus	41

I.4.2.2 Source d'azote et sels minéraux

De nombreuses études ont montré que la synthèse de rhamnolipides se produisait lorsqu'il y'avait un excès de carbone dans le milieu ou lorsque l'azote était en quantité limitante (Desai et Banat, 1997 ; Cameotra et Makkar, 1998 ; Lang et Wullbrandt, 1999).

L'azote peut être apporté sous différentes formes selon les bactéries productrices (Amézcua-Vega, 2007). La production de tensioactif par *Arthrobacter paraffineus* ATCC 19558 est stimulée en présence d'ammonium plutôt qu'en présence de nitrates. Robert *et al.* (1989) indiquent que la production de surfactant à partir de *Pseudomonas* 44T1 cultivées sur de l'huile d'olive donnait de meilleurs rendements avec du nitrate de sodium. Hommel *et al.* (1994) indiquent que la production des sophorolipides par *Candida apicola* augmente avec la concentration initiale en sulfate d'ammonium et que la proportion des deux isomères produits varie aussi avec la concentration initiale en ammonium. Des résultats semblables ont été obtenus par Manresa *et al.* (1991) à partir d'une souche de *Pseudomonas aeruginosa*.

Pour avoir des rendements de production optimum, il est donc nécessaire d'avoir un rapport C/N idéal (Amézcua-Vega, 2007), et surtout que l'azote soit un facteur limitant (stress) pour favoriser la production de biotensioactifs. Par exemple, Guerra-Santos *et al.* (1986) ont obtenu une production maximale pour un rapport C/N variant de 16/1 à 18/1, alors qu'ils n'ont pas observé de production pour des rapports inférieurs à 11/1 où l'azote n'est pas limitant.

Par ailleurs, il semblerait qu'une concentration limitante en ions magnésium, calcium, potassium, sodium ou éléments traces induise une augmentation de production (Guerra-Santos *et al.*, 1986).

I.4.2.3 Conditions de culture

Arino (1996) et Desai et Banat (1997) indiquent que pour une souche de *Pseudomonas aeruginosa*, le pH du milieu de culture doit se situer entre 6,0 et 6,5. A des pH inférieurs ou supérieurs, la production de tensioactif chute rapidement. D'autres souches comme *Norcardia corynbacteroides* sont inaffectées par des pH variant de 6,5 à 8,0. Ishigami *et al.* (1987) et Champion *et al.* (1995) ont montré que la structure des biosurfactants est sous l'influence du pH.

En effet, les rhamnolipides produits avaient une structure différente et s'organisaient différemment, à un pH 5,5, la structure était de forme lamellaire alors qu'à des pH supérieurs, des vésicules étaient formées.

Par ailleurs, l'âge de la culture est une variable importante pour la production en batch de biosurfactant. L'âge de la culture augmente le phénomène d'autolyse avec la libération des lipides, ainsi que des fragments de la paroi et de la capsule qui possèdent une activité tensioactive (Desai et Banat, 1997).

La disponibilité de l'oxygène peut également affecter la production à travers son effet sur l'activité cellulaire ou la croissance. Les milieux de culture sont agités lors de la production de tensioactifs. Pour les bactéries, une augmentation de la vitesse d'agitation induit une augmentation des vitesses de cisaillement et donc un rendement moindre. L'effet inverse est observé lorsque les organismes producteurs sont des levures (Desai et Banat, 1997).

I.4.2.4 Extraction des biosurfactants du milieu de croissance

Selon Mukherjee et *al.*, (2006), plusieurs méthodes conventionnelles pour la récupération des biosurfactants, tels que les précipitations acides, les solvants d'extraction, la cristallisation, la précipitation au sulfate d'ammonium et la centrifugation, ont été largement rapportées dans la littérature. Les méthodes d'extraction peu conventionnelles et intéressantes ont aussi été rapportées au cours des dernières années, incluant le fractionnement de mousse (Noah et *al.*, 2002), l'ultrafiltration (Sen et Swaminathan, 2005), chromatographie sur colonne (Ligia et *al.*, 2006).

Par ailleurs, les techniques qui restent les plus utilisées sont des extractions par les solvants: chloroforme/méthanol, butanol, acétate d'éthyle, etc. (Desai et Banat, 1997) ou des techniques reposant sur la précipitation du tensioactif. Ces extractions peuvent être réalisées directement ou après sédimentation des cellules productrices (Mukherjee et *al.*, 2006).

La capacité des biosurfactants à s'agréger aux surfaces a également été utilisée pour les adsorber sur des membranes de filtration. Par exemple, une membrane dont le seuil de coupure est de 5000 D, a été utilisée pour une surfactine pure à 97 % et un taux de récupération de 98 % est obtenu, alors qu'une membrane avec un seuil de coupure plus élevé (10 000 D) fournit un rendement de récupération de 92 % (Desai et Banat, 1997).

I.5 Utilisation des biosurfactants

Tous les surfactants sont synthétisés chimiquement, néanmoins, au cours des dernières années, beaucoup d'attention a été portée sur les biosurfactants en raison de leur large éventail de propriétés fonctionnelles, et des diverses capacités de synthèse des microbes. La plus importante reste leur préservation de l'environnement, car ils sont facilement biodégradables et ont une faible toxicité par rapport aux surfactants synthétiques.

Ces propriétés uniques des biosurfactants permettent leur utilisation et leur éventuel remplacement des surfactants chimiques dans un grand nombre d'opérations industrielles. La plupart des travaux sur les applications des biosurfactants ont mis l'accent sur la bioremediation de polluants et la récupération microbienne assistée du pétrole. Toutefois, ces composés microbiens présentent une variété de propriétés utiles et d'applications dans divers domaines pharmaceutiques, biomédicales et agroalimentaires (Tableau IV).

Tableau IV: Les applications industrielles des biosurfactants
(Mukherjee et *al.*, 2006; Singh et *al.*, 2007)

Domaine	Applications	Rôles des biosurfactants
Pétrole	Récupération assistée du pétrole	Amélioration de l'huile de drainage dans les puits, libération stimulée de l'huile emprisonnée dans les capillaires, mouillage des surfaces solides, réduction de la viscosité de l'huile et du point d'écoulement du pétrole, abaissement de la tension interfaciale, dissolution de d l'huile.
	Désémulsification	Desémulsification de l'émulsion d'huile, solubilisation de l'huile, réduction de la viscosité, agent mouillant.
Environnement	Bioremediation	Emulsification des hydrocarbures, abaissement de la tension interfaciale.
	Remédiation et rinçage des sols	Emulsification par l'adhésion des hydrocarbures, dispersion, agent moussant, détergent, rinçage des sols
Alimentaire	Emulsification et désemulsification	Emulsifier, solubiliser, désémulsifier, mettre en suspension, agent mouillant, moussant, anti-mousse, épaississant et lubrifiant
Biologique	Ingrédient fonctionnel	Interaction avec les lipides, protéines et les carbohydrates, agent de protection.
	Microbiologique	Comportements physiologiques tels que la mobilité des cellules, la communication cellulaire, adhésion des éléments nutritifs, concurrence cellulaire, pathogenèse des plantes et des animaux.
	Pharmaceutiques et thérapeutiques	Agent antimicrobien, antifongique, antivirale et adhésif, molécules immunomodulatrices, vaccins thérapie génique.
Agriculture	biocontrôle	Facilitation des mécanismes de biocontrole des microbes, tels que le parasitisme, antibiose, la concurrence, la résistance systémique induite et hypovirulance.
Bioprocédés	Processus en aval	biocatalyse dans des systèmes aqueux à deux phases et des microémulsions, biotransformation, récupération des produits intracellulaires, amélioration de la production d'enzymes extracellulaires et de produits de fermentation
Cosmétique	Produits de beauté et santé	Emulsifier, solubiliser, agent moussant, mouillant, nettoyant et antibactérien, modulateur de l'action d'enzymes.

II. Microorganismes halophiles

II.1. Extrêmophilie : le cas de l'halophilie

L'extrêmophilie désigne l'aptitude de certains organismes à se développer dans des conditions physiques et chimiques défavorables pour la plupart des organismes vivants. Parmi les domaines les plus étudiés de l'extrêmophilie se trouvent les hautes températures (thermophilie), mais aussi les fortes salinités (halophilie).

On différencie les bactéries halophiles des bactéries halotolérantes. En effet, le terme « halophile » désigne les micro-organismes nécessitant la présence de sel (NaCl) dans le milieu pour leur croissance (Figure 3). En revanche, le terme «halotolérant» signifie que les microorganismes tolèrent différentes concentrations en sel durant leur croissance (Bitton, 1999).

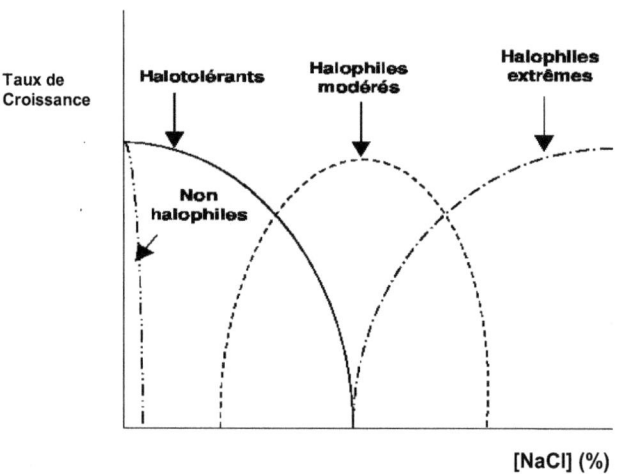

Figure 3 : L'halophilie chez différents groupes de microganismes (Bitton, 1999).

Ces gammes de concentration en sel (NaCl) ont été affinées depuis et s'étendent entre 3 à 10% pour les procaryotes halotolérants, 9 à 25% pour les procaryotes halophiles modérés et de 22 à plus de 40% pour les halophiles strictes. Les différentes catégories de micro-organismes halophiles sont représentées dans le Tableau V (Kushner, 1985).

Dans certains marais salants, la concentration en sel (NaCl) peut atteindre 700 g.l^{-1}. Dans ces conditions, les sels de lithium précipitent après des cycles de deux ans et ces milieux semblent abiotiques au vu des connaissances actuelles (Ovreas et al., 2003).

Tableau V : Catégories de microganismes halophiles (Kushner, 1985).

Catégorie de microganisme	NaCl (M)		NaCl g.l^{-1}	
	Gamme	Optimum	Gamme	Optimum
Non halophile	0 – 1,0	<0,2	0–60	<10
Faiblement halophile	0,2 – 2,0	0,2 – 0,5	10 – 115	10 – 30
Halophile modéré	0,4 – 3,5	0,5 – 2,0	25 –200	30 – 115
Halophile extrême "Borderline"	1,4 – 4,0	2,0 – 3,0	80 – 230	115 – 175
Halophile extrême	2,0 – 5,2	> 3,0	115 – 300	>175
Halotolérant	0 –>1,0	<0,2	0 – > 60	<10

II.1.1 Mécanismes d'adaptation à la vie en milieu hypersalin

L'intégrité des bactéries halophiles en milieu salin exige le maintien d'un équilibre osmotique entre le cytoplasme et le milieu environnant. Les micro-organismes halophiles ont développé des mécanismes spéciaux afin de s'adapter à l'environnement hypersalin.

II.1.1.1 Régulation de la pression osmotique

À faible concentration, le sel (NaCl) est indispensable au fonctionnement cellulaire, mais à forte dose, il entraîne la mort cellulaire par sortie d'eau.

Pour compenser la pression osmotique du milieu hypersalin environnant la plupart des micro-organismes halophiles accumulent essentiellement du chlorure de potassium (KCl) chez les Archaea (Oren, 2006), ou des composés organiques dissous ayant un potentiel osmotique, comme les sucres, les polyols ou les acides aminés, chez les Eubacteria (Horikoshi et Grant, 1998). À titre d'exemple, *Chromatium glycolicum* utilise le glycolate (Caumette et al., 1997), *Desulfovibrio halophilus* le tréhalose et la glycine bétaïne (Welsh et al., 1996), *Haloanaerobacter salinarius* la glycine bétaïne (Mouné et al., 1999).

II.1.1.2 Adaptation des protéines à l'hypersalinité

En accumulant dans leur cytoplasme des quantités de sels proche de la saturation, les bactéries halophiles empêchent effectivement la sortie d'eau, mais se soumettent à un nouveau type de stress cellulaire : le stress salin. Avec de telles concentrations en KCl, des protéines « normales » deviennent insolubles et précipitent. Or les organismes halophiles ne semblent pas connaître ce stress cellulaire : leurs protéines sont non seulement solubles et fonctionnelles à de fortes concentrations en KCl, mais elles se dénaturent lorsque la concentration en sel diminue.

Les protéines « halophiles » concentrent fortement le sel près de leur surface (Eisenberg et al., 1992) et utilisent ses capacités hygroscopiques pour capturer les molécules d'eau nécessaires à leur repliement, leur stabilisation et leur solubilité. Ce phénomène est rendu possible par une abondance d'acides aminés « acides », connus pour interagir fortement avec les molécules d'eau et les cations tels que K+ (Lozach, 2001).

II.1.2 Diversité moléculaire des halophiles

Les halophiles et halotolérants présentent une grande diversité phylogénétique. On les trouve parmi les trois grands domaines du vivant : *Archaea, Eukaryota* et *Bacteria* (Oren et al., 2002) (Figure 4). Au sein des *Archaea*, la famille des *Halobacteriaceae* comprend la plupart des halophiles aérobies, répartis actuellement au sein de 28 genres validés, on cite notamment *Halobacterium, Halococcus, Haloarcula, Haloferax, Halorubrum, ont, Natrialba, Natromonas, Natronobacterium* et *Natronococcus* (Oren, 2008). La branche méthanogène des Euryarchaeota contient aussi des halophiles dont l'activité méthanogène est possible à des seuils proches de la saturation en NaCl: *Methanohalophilus, Methanohalobium, Methanospirillum* (Kamekura, 1998; Oren et Ventosa, 2000).

Dans le domaine des Eukaryota, les halophiles strictes sont plus rares. Le principal représentant des halophiles est l'algue verte *Dunaliella* qui est davantage halotolérante que strictement halophile et tolère une large gamme de salinité. On peut aussi citer le crustacé *Artemia* (Oren, 2002).

Enfin, parmi les eucaryotes, des levures osmotolérantes (*Rhodotorula mucilaginosa* et *Pichia guilliermondii*) isolées de bassins d'évaporation d'effluents pharmaceutiques en Palestine à 15% de sel et même au-delà (Lahav et al., 2002). La survie de levures à de fortes salinités a été confirmée par Dan et al. (2003) qui ont montré qu'une culture de levures se developpaient plus rapidement à forte salinité qu'une culture bactérienne, cette dernière étant inhibée par le sel.

Le domaine des *Bacteria* regroupe la plus grande diversité des halophiles, la plupart étant halophiles modérées plutôt qu'extrêmes en passant en revue les principaux phyla (*Proteobacteria, Firmicutes salins, Bacteroidetes, Planctomycetes, Chloroflexi, Cyanobacteria, Spirochaetes, Actinobacteria, Chlamidiae, Nitrospira, Acidobacteria)*, tels qu'ils ont été définis par Rappé et Giovannoni (2003). Cependant, les halophiles strictes sont ubiquistes et présents dans un grand nombre de groupes phylogénétiques. Les principaux types d'environnements renfermant ces micro-organismes halophiles sont principalement la mer, les marais salants et les lacs alcalins (Vreeland et Hochstein, 1993).

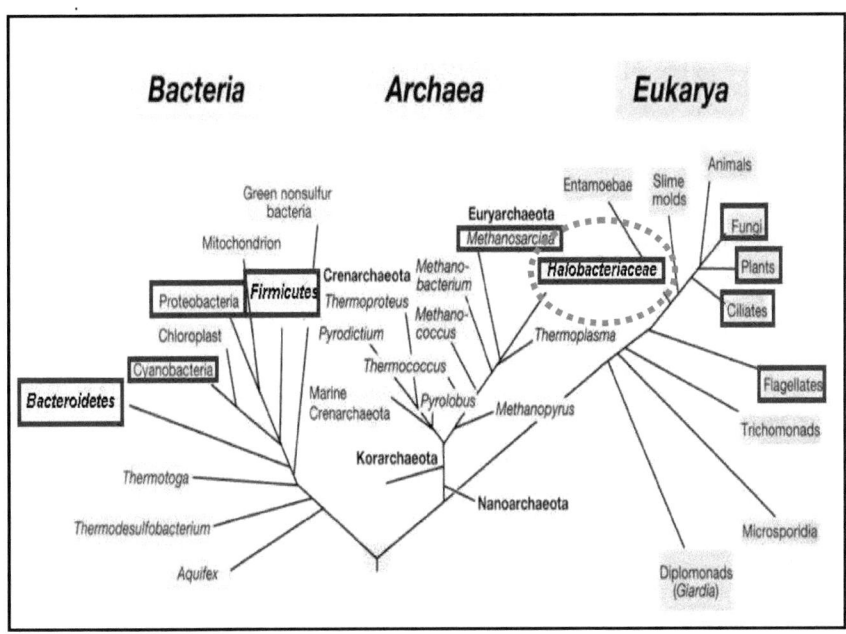

Figure 4 : Arbre phylogénétique universel d'une analyse comparative de séquences de gènes ribosomiques montrant la distribution des microganismes halophiles (Oren, 2008)

II.1.3 Les *Halobacteriaceae*

Ce groupe fait partie du règne Archaea (Woese et Fox, 1977). Ce dernier est associé aux procaryotes. Il s'agit de cellules sans noyau, très diverses aussi bien en morphologie qu'en physiologie. En plus de leurs séquences de gènes codant pour les ARN ribosomiques, elles se distinguent des deux autres règnes par de nombreux points concernant la structure et la chimie de la paroi, la structure des lipides membranaires (Figure 5) (van de Vossenberg *et al.*, 1998) et certaines voies métaboliques (Tableau V1).

Ce groupe de *Halobacteriaceae* comprend un seul ordre des *Halobacteriales* décrit par Grant et Larsen (1989). Il occupe les écosystèmes à haute salinité, qualifiés d'extrêmes. Ces derniers sont souvent d'intensité lumineuse très forte. Ces espèces ont besoin, pour croître, d'un environnement dix fois plus salé que l'eau de mer (Noll, 1992).

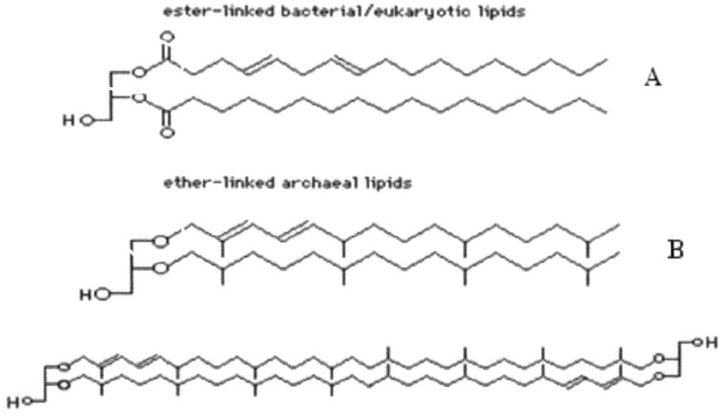

ester-linked bacterial/eukaryotic lipids

A

ether-linked archaeal lipids

B

C

Figure 5 : Schémas représentatifs d'un lipide archaebactérien et d'un lipide eubactérien : les lipides bactériens sont composés de phospholipides – le groupement phosphate est joint aux 2 acides gras par le glycérol diester) (A). Chez les lipides des *Archaea*, ils sont composés de phosphate, sulfate ou de carbohydrates joint à la chaîne hydrocarbonée C20 et/ou C40 par le glycérol diether (B et C respectivement) (Lobasso et *al*., 2008).

Ces microorganismes considérés non pathogènes sont rencontrés dans les lacs hyper salés, la mer morte (Jordanie), les marais salants (Espagne) et dans les grands lacs alcalins extrêmement salés tels que Oued Natron en Egypte, le lac Magadi au Kenya, les étangs de distillation solaire et le Salt Lake City au U.S.A (Figure 6) (Oren, 2008). Ils sont également fréquents au niveau des sols salés des déserts, des régions arides et semi-arides (sebkhas au sud de l'Algérie) (Hacéne et *al*., 2004; Bhatnagar et *al*., 2005). Ils se développent aussi dans les produits alimentaires conservés par salaison tels que la viande et le poisson, ce qui confère aux produits contaminés une forte coloration rouge (Oren et *al*.,1999; Tortora et *al*., 2003)

Figure 6 : Quelques habitats des microorganismes halophiles extrêmes
(de gauche à droite) Le lac d'Oroumieh (Azerbaïdjan iranien), le salar de Uyuni
(grand lac salé, Bolivie), côtières salines (Wellington Australie) et sebkha de Béjaia

II.1.3.1 Classification des *Halobacteriaceae*

La taxonomie des *Halobacteriaceae* a été confuse suite à un système de classification non basé sur le séquençage de l'ARNr 16S, en effet, de nombreuses souches affiliées à l'origine au genre *Halobacterium* ont été déclassées (Wright, 2006).

La diversité des glycolipides (structure des lipides membranaires) ainsi que les séquences d'ARN 16S représentent les marqueurs de diagnostic taxonomique les plus crédibles chez les *Archaea* halophiles. Actuellement, plusieurs critères sont utilisés pour définir les *Archaea* halophiles. Elles sont groupées dans un seul ordre *Halobacetriales* et une seule famille *Halobacteriaceae*. A ce jour, 90 espèces et 27 genres sont validés (Minegishi et *al*., 2008, Oren et *al*., 2009) (Annexe 2).

En 1997, Oren et *al*. définissent les principaux critères permettant de classer les membres appartenant à la famille des *Halobacteriaceae*, à savoir, la morphologie des colonies et cellules, la physiologie cellulaire, les caractères biochimiques, la composition en lipides membranaires, protéines cellulaires et acides nucléiques, l'hybridation ADN/ADN qui est spécifiée uniquement pour la description de nouvelles espèces (Tableau VII).

La diversité structurale des lipides membranaires et notamment des glycolipides chez les *Halobacteriaceae* est confirmée par plusieurs recherches.

Ainsi, les lipides polaires sont différents selon le groupe d'Halobactéries (Annexe 3). Selon Kamekura et Kates (1999), on distingue :

- Bactéries alcalohalophiles extrêmes : ce sont des dérivés de sn-2-sesterterpanyl-3-phytanyl-glycérol (C_{20}-C_{20}) et sn-2,3-diesterterpanyl glycérol (C_{20}-C_{25}),

- Espèces neutrophiles des genres halophiles extrêmes, *Halobacterium*, *Haloarcula*, *Haloferax*, ont et *Halorubrum* ; elles contiennent uniquement sn-2,3-diphytanyl glycérol (C_{20}-C_{20}),

- Espèces des genres *Halococcus*, *Natronobacterium*, *Natronococcus*, *Natronomonas*, *Natrialba*, *Natrinema*, *Haloterrigena* et autres non encore classées ; elles contiennent, à la fois, les deux types de lipides (C_{20}-C_{20}) et (C_{20}-C_{25}). Aucune description des lipides du genre *Halogeometricum* n'a été donnée.

En ce qui concerne la composition en phospholipides, tous les genres validés comprennent le phosphatidylglycérol phosphate-méthyl ester (PGP-Me), phosphatidylglycérol (PG) et acide phosphatique (PA), exception faite pour *Haloarcula* et *Halobacterium*, qui contiennent les phosphosulfolipides en plus (Kamekura et Kates, 1999).

Tableau VI : Résumé des caractéristiques majeures différenciant *Archaea*, *Bacteria* et *Eucarya* (Madigan et Martinko, 1997)

Caractéristiques	Bacteria	Archaea	Eukarya
Morphologie et génétique			
Structure cellulaire procaryotique	oui	oui	non
ADN circulaire clos par liaisons covalentes	oui	oui	non
Présence de protéines Histones	non	oui	oui
Noyau entouré d'une membrane	non	non	oui
Paroi cellulaire	Protéine, glycoprotéine, pseudomuréine, pas de paroi	Muréïne et lipopolysaccharides, rarement formée de protéines, formes sans parois rares	Grande variété, absence de peptidoglycane
Lipides membranaires	Ether du glycérol et d'isoprénoïdes	Ester du glycérol et des acides gras	Ester du glycérol et des acides gras, cholestérol fréquent
Ribosomes (masse)	70S	70S	80S
Initiateur ARNt	N-formyl-méthionine	méthionine	méthionine
Introns fréquents	non	non	oui
Opérons	oui	oui	Non
Coiffe et addition de poly A à l'ARNim	non	non	oui
Plasmides	Oui	oui	rare
ARN polymérase	Une (4sous unités)	Plusieurs (8 à 12 sous unités chacune)	Trois (12 à 14 sous unités chacune)
Besoins en facteurs de transcription	non	oui	Oui
Structure du promoteur	Séquences-10 et -35 (boite de Pribnow)	Boite TATA	Boite TATA
Sensibilité au chloramphénicol, streptomycine et kanamycine	oui	non	non
Physiologie et structures spéciales			
Réduction dissimulatrices de S° ou SO_4^{2-} en H_2S ou Fe^{3+} en Fe^{2+}	oui	oui	non
Nitrification	oui	oui	non
Dénitrification	oui	oui	non
Fixation d'azote	oui	non	non
Photosynthèse (chlorophylle)	oui	oui	oui (chloroplastes)
Métabolisme énergétique utilisant la rhodopsine	oui	oui	non
Chimiolithotrophie (Fe, S, H_2)	oui	oui	non
Vésicules à gaz	oui	oui	non
Synthèse de granules de stockage du carbone (poly β hydroxyalcanoates)	oui	oui	non
Croissance au delà de 80°C	oui	oui	non
Croissance au delà de 100°C	non	oui	non

II.1.3.2 Caractères phénétiques

Les colonies qu'elles forment sur milieu solide sont de couleur rouge, rose, rouge mauve et, très rarement, incolores. Cette coloration est due à la présence de la bactériorubrine (pigment caroténoïde qui joue le rôle de protecteur contre les rayons solaires) et de la bactériorhodopsine qui participe à la synthèse d'ATP et au transport actif (Oren, 2006).

Les cellules peuvent avoir diverses formes (cocci, bacille, disque, triangle, sphère, etc.) ou pléomorphiques, elles sont Gram négatif, elles peuvent être immobiles ou mobiles grâce à des flagelles polaires lophotriches (Grant et *al.*, 2001 et Oren, 2006).

Les vésicules à gaz quand elles sont présentes, apparaissent comme des inclusions claires à l'intérieur de la cellule et permettent à celle-ci de flotter à des profondeurs favorables (Vreeland et Hochstein, 1993 ; Oren et *al.*, 1997 ; Stuart et *al.*, 2001).

II.1.3.3 Métabolisme

Les thermophiles extrêmes et les *Halobacteriaceae* catabolisent le glucose suivant une voie d'Entner-Doudoroff modifiée dans laquelle les premiers intermédiaires ne sont pas phosphorylés (Falb et *al.*, 2008) (Figure 7).

Les *Halobacteriaceae* ont une voie légèrement modifiée par rapport à celle des thermophiles extrêmes, mais produisent du pyruvate et du NADH ou du NADPH. Toutes les archéobactéries étudiées oxydent le pyruvate en acétyl-CoA (Falb et *al.*, 2008). Elles sont dépourvues du complexe du pyruvate déshydrogénase présent chez les eucaryotes et les Eubactéries aérobies, mais elles utilisent dans le même but le pyruvate oxydoréductase (Falb et *al.*, 2008).

Les *Halobacteriaceae* ne semblent pas posséder de cycle des acides tricarboxyliques fonctionnel, on n'a pas encore trouvé de cycle des acides tricarboxyliques complets chez les méthanogènes.

En revanche, la présence de chaînes de cytochromes fonctionnelles a été prouvée chez les *Halobacteriaceae* (Bonete et *al.*, 2008). Une chaîne de transporteurs d'électrons très semblable à celles des Eub*actéries* oxydant le NADH généré par le cycle de Krebs.

En l'absence d'oxygène, *Haloferax denitrificans* est aussi capable de croître par la respiration anaérobie des nitrates. *Halobacterium salinarum* peut fermenter l'arginine en l'absence d'oxygène ou de nitrate (Bonete et *al.*, 2008). Par ailleurs, les voies de biosynthèse des acides aminés restent mal connues (Falb et *al.*, 2008).

Tableau VII : Techniques minimales standard exigées et recommandées pour identifier un taxon appartenant aux *Halobacteriaceae* (Oren et *al.*, 1997)

Techniques exigées

    Morphologie des colonies
    Morphologie des cellules
    Motilité
    Pigmentation
    Gram
    Concentrations de sel exigées pour prévenir la lyse cellulaire
    Concentrations Optimales de NaCl et de $MgCl_2$ pour la croissance
    Gamme de concentrations de NaCl permettant la croissance
    Gamme de température et de pH permettant la croissance
    Croissance anaérobie en présence des nitrates
    Réduction des nitrates en nitrites
    Formation du gaz à partir des nitrates
    Croissance anaérobie en présence d'arginine
    Production des acides à partir des hydrates de carbone
    Croissance en présence de différentes sources de carbone
    Activité catalase et oxydase
    Formation d'indole
    Hydrolyse de l'amidon, gélatine, caséine, Tween 80
    Sensibilité aux différents antibiotiques (érythromycine, pénicilline, ampicilline, rifampicine, chloramphénicol .....)
    Caractérisation des lipides polaires
        Types de glycolipides présents
        Présence ou absence de phosphatidylglycérosulfate
  % G+C
    Séquençage de l'ARNr 16S
    DNA-DNA hybridation avec des espèces apparentées
        (uniquement pour décrire de nouvelles espèces)

Techniques recommandées

    Microscopie électronique
    Croissance anaérobie en présence de DMSO (dimethyl sulfoxyde)
    Activité phosphatasique
    Activité uréasique
    Activité galactosidase
    Activité lysine décarboxylase
    Activité ornithine décarboxylase
    Présence de plasmides
    Eléctrophorése des protéines cellulaires

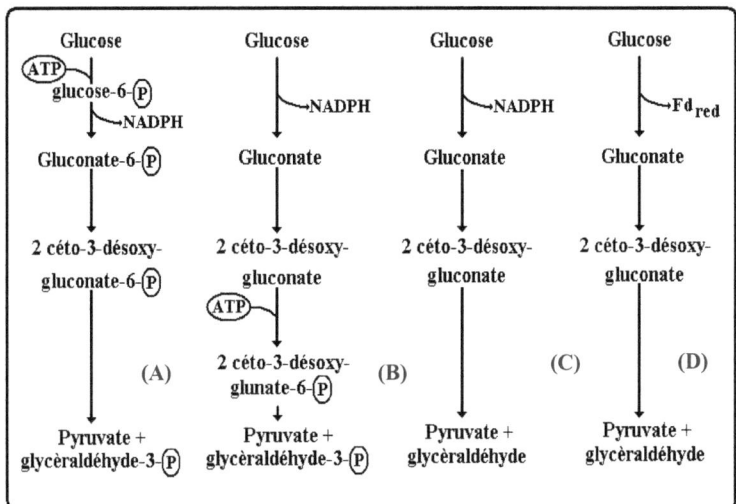

Figure 7 : Modifications de la voie d'Entner-Doudoroff chez les *Archaea*. Les voies les plus courantes sont décrites : (A) *Pseudomonas* et autres bactéries ; (B) ***Halobacterium*** et *Clostridium aceticum* ; (C) *Sulfolobus*, une *Archaea* hyperthermophile. Fd_{red} est la ferrodoxine réduite (D) (Falb et *al.*, 2008).

II.1.3.4 Physiologie cellulaire

Chez certaines *Halobacteriaceae*, le pH toléré est souvent neutre, mais parfois basique. Les Halobactéries sont aérobies ou anaérobies facultatives (Grant et *al.*, 2001), pourvues de catalase et d'oxydase. Elles présentent un optimum de température variable entre 35 et 50°C (Grant et *al.*, 2001), nécessitent au minimum 1,5M de NaCl. L'optimum de salinité varie entre 3,5 et 4,5 M, certaines peuvent croître à une concentration de saturation 5,2M. L'osmorégulation est effectuée par accumulation d'une forte concentration de KCl dans les cellules (Oren, 2006).

La dilution du milieu salin environnant entraîne le changement des formes bacilles (*Halobacterium*) en forme sphériques, cette lyse osmotique est d'autant plus marquée quand les cultures sont jeunes (Deana et *al.*, 1999). Dans certains cas, les formes cocci (*Halococcus*) grâce à leurs parois épaisses peuvent garder leur morphologie cocci en présence de faible concentration de NaCl (Grant et *al.*, 2001). La plupart des *Halobacteriaceae* sont résistantes à certains antibiotiques tels que la pénicilline, le chloramphenicol (Montalvo-Rodriguez et *al.*, 1998).

Chimioorganotrophes, les Halobactéries utilisent les acides aminés et les carbohydrates comme source de carbone (Grant et *al.*, 2001). Pour leur isolement et leur culture, elles exigent l'utilisation de milieux riches en tryptone, peptone de caséine et l'autolysat de levure. Les sucres ne sont pas toujours utilisés comme source de carbone et d'énergie (Tanaka et *al.*, 2000). Le glycérol est un précurseur classique de la biosynthèse des lipides, il est également bien métabolisé (Falb et *al.*, 2008). Le

NH_4Cl, à la concentration optimale de 0,2 - 0,5%, entraîne une réduction du temps de latence qui serait en relation avec l'utilisation des acides aminés (Grant et al., 2001). Le processus de la dénitrification a été trouvé chez les halophiles (Oren et al., 1997), ainsi que l'assimilation des nitrates (Bonete et al., 2008).

II.1.3.5 Caractères génétiques

Chez les Halobactéries, L'ADN contient de 61 à 71% de GC. Les plasmides sont des composants mineurs représentant 10 à 30% de l'ADN total. Ils peuvent être transférés entre les cellules par contact physique, dans un processus qui pourrait être similaire à la conjugaison bactérienne (Makarova et Koonin, 2003).

Au cours des 15 dernières années, des progrès considérables ont été réalisés dans l'étude de la génétique des *Halobacteriaceae*. L'ADN présente approximativement la même taille (2 à 4,106 kpb) et la même complexité de séquences que celui des bactéries; il forme également un chromosome circulaire unique (Brown et Doolittle, 1997). Les gènes codant pour des protéines impliquées dans un même mécanisme sont souvent localisés les uns à coté des autres sur le chromosome pour former un opéron pour être transcrits en ARN messager (Bell et al., 2001).

II.1.3.6 Intérêts biotechnologiques des *Archaea*

Le choix des modèles étudiés, dans le cadre de ces recherches appliquées, est ciblé sur des *Archaea* présentant des traits extrémophiles tels que la résistance aux hautes températures, aux fortes salinités, à des conditions de pH acide ou basique, ainsi que la capacité à s'adapter à des milieux chimiquement hostiles (van den Burg, 2003). Ainsi, les premières explorations étaient avant tout orientées vers la recherche de composés valorisables au niveau biotechnologique, essentiellement de type enzymes.

Depuis, le nombre de composés valorisables ou potentiellement valorisables a considérablement augmenté, de par les nombreuses souches d'*Archaea* disponibles (Satyanarayana et al., 2005).

Le marché des enzymes et composés organiques, issus d'organismes extrémophiles, était estimé à 17 milliards de dollars en 2007; les enzymes thermostables se plaçant au premier rang des molécules d'intérêt biotechnologique à haute valeur ajoutée (Pattanathu et Gakpe, 2008). Au niveau industriel, sont principalement recherchées les activités thermostables d'hydrolyse de composés protéiques, glucidiques et lipidiques; une température élevée augmente la biodisponibilité et la solubilité des composés organiques et abaisse leur viscosité (Podar et Reysenbach, 2006).

Par ailleurs, les enzymes thermostables issues d'*Archaea* trouvent largement leurs applications comme outils dans le secteur de la biologie moléculaire. Beaucoup font l'objet de dépôts de brevets, comme les ADN polymérases, utilisées dans les techniques de PCR. Le clonage et l'expression, chez *E. coli*, du gène codant pour l'ADN polymérase *Taq*, issue de la bactérie thermophile *Thermus aquaticus* a permis l'obtention de quantités de protéines recombinantes nécessaires au développement de la PCR (Lawyer *et al.*, 1989).

Par ailleurs, les *Halobacteriaceae* ont attiré l'attention des chercheurs, elles sont une source potentielle de nouvelles molécules actives et stables dans des conditions extrêmes de salinité : antibiotiques, bactériocines, enzymes, rhodopsine, osmorégulateurs…etc (Oren et *al.*, 1997). Les lipases qui catalysent l'hydrolyse des triglycérides présentent ainsi un intérêt potentiel pour l'industrie des détergents. Boutaiba et *al.*, (2006) ont pu mettre en évidence l'activité lipolytique d'une archaebactérie halophile extrême *Natronococcus sp* qui arrive à hydrolyser l'huile d'olive.

Les Halobactéries produisent des exopolysaccharides (EPS) qui ont d'excellentes propriétés rhéologiques et résistent à des températures, salinités et pH extrêmes (Chiraldi et *al.*, 2002). Ces métabolites sont utilisés en tant qu'agents émulsifiants dans les industries alimentaires et pharmaceutiques (Anton et *al.*, 1988 ; Herbert, 1992). Chez les Halobactéries, la production des liposomes, utilisables en médecine et cosmétique pour le transport des métabolites aux sites spécifiques des cellules a été étudiée par Galinski et Tindall (1992).

Aussi, la production de plastiques biodégradables pouvant remplacer le dérivé d'huile thermoplastique (dérivé du pétrole) dans plusieurs domaines par exemple: bêta-hydroxy acide butyrique, produit et accumulé par *Haloferax mediterranei* à partir de n-butyrique, sa récupération est facilitée par la lyse cellulaire causée par de faibles concentrations en sel (Ventosa et Nieto, 1995 ; Margesin et Schinner, 2001).

Quant au traitement des eaux salées polluées, les Halobactéries peuvent être des agents dépolluants très efficaces, en effet, certaines Halobactéries utilisent les hydrocarbures tels que le pétrole comme seule source de carbone (Ventosa et Neito, 1995; Le Borgne et *al.*, 2008). Des espèces tels que Haloarcula *CBI, Halobacterium DSM11147* et *Haloferax* ont pu se développer sur de des concentrations élevées (supérieures à 1 mM) des hydrocarbures halogénés comme le trichlorophénol (Oren et *al.*, 1992; Cuadros-Orellana et *al.*, 2006).

Ceratines *Halobacteriaceae* produisent des substances antibactériennes appelées halocines qui présentent un large mode d'action (inhibition de la transcription et de la réplication de l'ADN, bactériolyse et déstabilisation de la membrane cellulaire) (Oren, 1999). La bactériorhodopsine est une protéine ayant une structure similaire à la rhodopsine de la rétine humaine d'où son utilisation dans la fabrication de rétines artificielles et de modulateurs de lumière spatiale (Oren et *al.*, 1997). Cette protéine joue le rôle d'une pompe qui permet la transformation de l'énergie solaire en énergie chimique (ATP).

L'utilisation la plus intéressante des *Halobacteriaceae* reste le clonage des gènes, codant les solutés osmorégulateurs, afin d'augmenter la tolérance de certaines plantes au sel dans les sols salés (Herbert, 1992). Par ailleurs, l'utilisation des antigènes halobacteriales comme sondes pour certains types de cancer semble être prometteuse. En effet, une protéine de 84 kDa de *Halobacterium halobium* a été utilisée comme antigène pour détecter les anticorps contre le cmyc oncogène produit dans le sérum de patients atteints de cancer (Ben-Mahrez et *al.*, 1988).

CHAPITRE II. MATÉRIELS ET MÉTHODES

I. Dénombrement, isolement et identification des bactéries halophiles strictes

I.1 Echantillonnage des eaux

Plusieurs travaux ont été effectués en Algérie sur l'écologie microbienne de certains écosystèmes aquatiques salins (Hacéne et al., 2004 ; Kharoub et al., 2006). Compte tenu de l'objectif de notre étude, nous ne ciblerons uniquement que les isolements de microganismes halophiles strictes essentiellement les *Halobacteriaceae*. Aussi, notre choix a été porté sur 3 sites précis (Figure 8).

Des échantillons d'eaux de sebkhas ont été prélevés à partir de deux endroits différents. Le premier échantillon a été obtenu à partir d'une sebkha située dans la région de Beni Maouche, wilaya de Bejaia, dénommée « sebkha Imallahen », cette sebkha une source de sel pour les habitants de la région (Annexe 4). Un second échantillonnage d'eau a été effectué au niveau de la sebkha située à proximité de la localité de In Salah située à coté de la grande sebkha de Mekerrhane du coté sud ouest de la ville de In Salah, wilaya de tamanresset (Annexe 5). Un dernier prélèvement a eu lieu au niveau des zones d'exploitation des hydrocarbures situés dans les régions suivantes: le puit de pétrole codé TFT et le centre d'injection d'eau codé CPIE/ZR situés tout deux dans la région d'In Amenas localisée au niveau du sud algérien (Annexe 6).

Les échantillonnages d'eaux ont été effectués en Mai 2004. Ils sont prélevés dans des flacons stériles à raison de deux litres par flacon, à une profondeur de 50 cm. Les échantillons d'eau obtenus à partir des exploitations pétrolières ont été effectués au niveau des pompes avec un pompage prolongé de l'eau dans le but d'avoir une eau de qualité permanente. Le transport des échantillons est réalisé par voie aérienne dans des glacières réfrigérée (4°C) jusqu'au laboratoire. Les uns sont destinés à l'analyse physico-chimique et les autres à l'étude microbiologique.

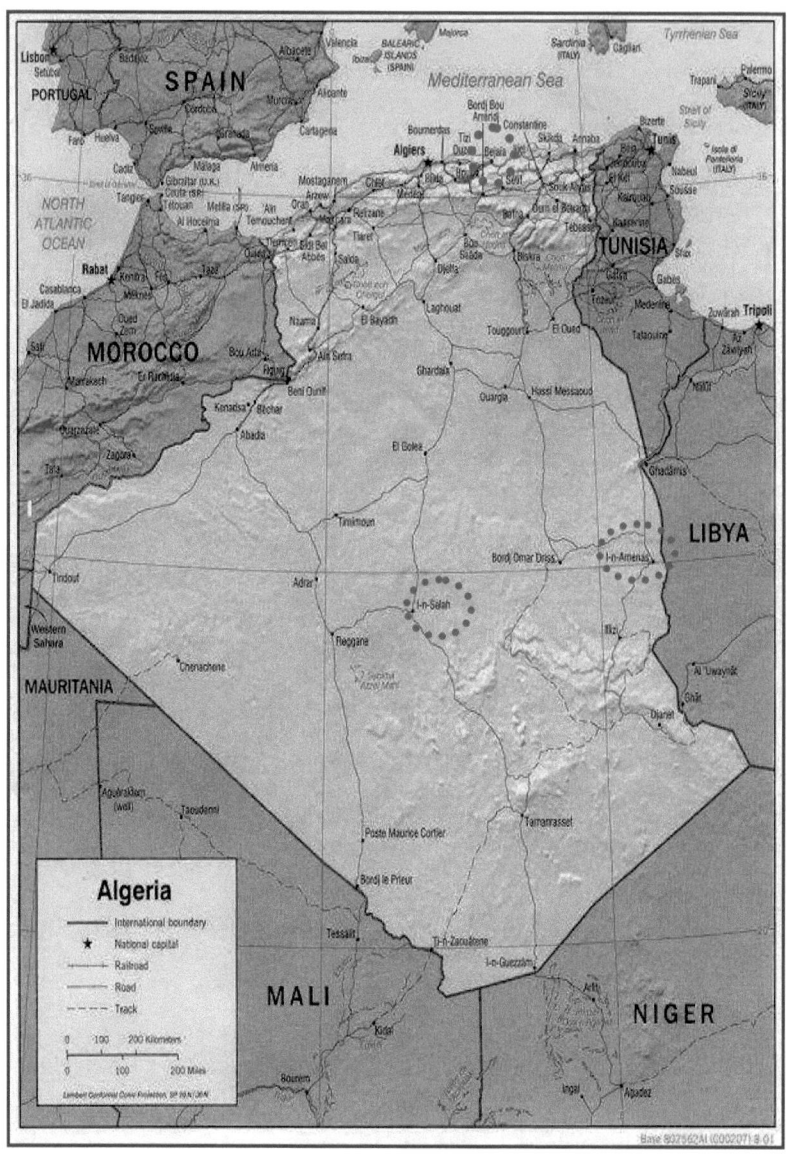

Figure 8 : Situation géographique des 3 sites de prélèvement des eaux (collins maps).

I.2 Analyses physico-chimiques des échantillons d'eau

I.2.1 Techniques d'Analyse

Afin d'avoir un aperçu de la composition physico-chimique des eaux, une analyse a été réalisée selon les méthodes préconisées par Rodier (1996). Les analyses effectuées concernent des dosages volumétriques, complexométrique et spectroscopiques.

La température, le potentiel (pH) et la conductivité électrique (Cs) sont mesurés *in situ* à l'aide d'un multiparamètre portatif (Consort, type C 835). Les nitrates (NO_3^-), les nitrites (NO_2^-), l'azote ammoniacal (NH_4^+) et les sulfates (SO_4^-) sont déterminés par dosage colorimétrique à l'aide d'un spectrophotomètre (UV/visible). La dureté (TH), le calcium (Ca^+) et le magnésium (Mg^+) sont dosés par la méthode volumétrique en EDTA.

L'oxydabilité (les matières oxydables: MO) est déterminée par oxydation à chaud en milieu acide. Le titre alcalin (TA), titre alcalin complet (TAC) et les bicarbonates (HCO_3^-) sont analysés par dosage volumétrique avec du HCl 0,1 N. les chlorures dosés par le nitrate d'argent en présence de bichromate de potassium; la salinité est la teneur de sel dissous dans l'eau, est exprimée à partir de la chlorinité. Le sodium (Na^+) et le potassium (K^+) sont déterminés par excitation des atomes par le photomètre à flamme.

I.3 Analyse bactériologique des eaux

I.3.1 Dénombrement de la flore bactérienne halophile

Des techniques culturales sont classiquement utilisées en quantification par la méthode UFC (Unité Formant Colonie) sur milieu solide, basées sur un principe de dilutions successives. En fonction du milieu de culture utilisé, ces méthodes permettent de dénombrer les bactéries halophiles cultivables d'un type métabolique donné (Vreeland et Hochstein, 1993).

I.3.1.1 Milieux de culture utilisés pour le dénombrement

Les principaux milieux utilisés sont :
- Le milieu de culture SG préconisé par Sehgel et Gibbons (1960). Ce milieu a une composition relativement riche répondant aux besoins nutritifs de nombreuses Halobactéries.
- Le milieu de culture SH décrit par Oren *et al.*, (1995) et a été utilisé pour l'isolement de *Halobacterium sodomense* à partir des eaux de la mer morte.
- Le milieu Eder préconisé pour l'étude de la diversité microbienne des eaux de gisement de pétrole (Eder *et al.*, 2001).

La composition des ces milieux de culture est donné dans la Tableau VIII, les milieux solides sont préparés en rajoutant 20 g/l d'agar. Afin d'étudier certains critères de classification, les milieux SG et SH ont parfois subit des modifications en faisant varier le pH (7 et 12), la composition en ions Mg^{2+} (1,10, 50, 300 mM) et la concentration en NaCl (0, 5, 10, 20, 30%, p/v).

Tableau VIII : Composition des milieux de culture utilisés

Ingrédient (g/l)	Milieu SG Sehgel & Gibbons (1960)	Milieu SH Oren et al. (1995)	Milieu Eder Eder et al. (2001)
Extrait de levure	7,5	1.0	2.0
Amidon	-	2.0	-
Acide casamino	10.0	1.0	-
Tri citrate de sodium	3.0	-	-
hydrogénophosphate de Potassium	-	-	0.1
Chlorure de Sodium (NaCl)	250	125	250
Bicarbonate de sodium (Na_2CO_3)	5.0	-	-
Chlorure de potassium (KCl)	2.0	-	5.11
Sulfate de magnésium ($MgSO_4$ 7 H_2O)	20.0	-	-
Sulfate de potassium (K_2SO_4)	-	5.0	-
Chlorure de magnésium ($MgCl_2$ 6 H_2O)	-	160	0.107
Sulfate de magnésium ($MgSO_4$ H_2O)	-	-	0.0019
Chlorure de calcium ($CaCl_2$ $2H_2O$)	-	0.1	2.0
Chlorure de Fer ($FeCl_2$)	-	-	0.0021
Nitrate de sodium ($NaNO_3$)	-	-	0.000007
Sulfate de zinc ($ZnSO_4$, 7 H_2O)	-	-	0.0007
Molylodate de sodium (Na_2MO_4, $2H_2O$)	-	-	0.00002
Sodium hydrogène carbonate (Na HCO_3)	-	-	1.0
Eau distillée (q .s.p)	1000	1000	1000
pH	7.0	7.0	7.0

Pour la préparation du milieu SG et SH, le chlorure de sodium et le bicarbonate de sodium sont stérilisés séparément dans des flacons de 250 ml. Ils sont rajoutés extemporanément aux autres composants du milieu (afin d'éviter la précipitation du sel). Le pH est ajusté à 7 avant stérilisation à l'autoclave à 120°C pendant 20 min.

Pour l'identification biochimique des bactéries isolées, une série de milieux de culture spécifiques commercialisés par l'institut Pasteur d'Alger sont utilisés.

I.3.1.2 Préparation des dilutions

Une série de dilutions (10^{-1} à 10^{-5}) a été effectuée : 1mL des échantillons d'eau de chaque site et de chaque prélèvement a été prélevé stérilement, puis introduit dans un tube de 9ml de d'eau distillée additionnée de NaCl à 15 % (m/v). On obtient ainsi la dilution 10^{-1} et ainsi de suite.

I.3.1.3 Enrichissement des cultures en milieu liquide

Certains biotopes naturels se trouvant dans des endroits extrêmes sont riches en microflore mais souvent difficiles à mettre en évidence. La culture de cette dernière exige une étape de réactivation et d'enrichissement des souches bactériennes halophiles à isoler (Vreeland et Hochstein, 1993). Les enrichissements sont réalisés dans des Erlens Meyer de 250 ml, remplis de 100 ml de milieu de culture ensuite inoculé au 1/10 avec l'échantillon d'eau considéré.

Les cultures sont incubées dans un incubateur agitateur à une vitesse de 200 rpm, l'incubation se poursuit jusqu'à l'apparition d'un trouble. La température est maintenue à 40°C favorisant ainsi la croissance de la plupart des *Halobacteriaceae* (Robinson et *al.*, 2005).

I.3.2 Méthodes d'ensemencement

L'inoculation des différentes dilutions préparées est effectuée selon deux méthodes :

a) Par incorporation, de 1mL d'échantillon dans le milieu de culture en surfusion à 45 °C est homogénéisé ensuite laisser solidifié. Les boîtes sont incubées à 40 °C, ces dernières sont mises dans des sachets en plastique pour éviter l'évaporation des milieux à forte concentration de sel. Après incubation, le dénombrement est effectué sous une loupe binoculaire après 24 à 48 heures pour les boîtes contenant les milieux de culture contenant à 3 % de NaCl ; dix à quinze jours pour les milieux contenant 10 à 20 % de NaCl. La concentration microbienne N correspond au nombre de colonies énumérées multiplié par le facteur de dilution. Elle est exprimée en « Unité Formant Colonie par ml d'échantillon (UFC/ml) ».

b) Par étalement (culture en surface), en déposant 0.1 ml d'échantillon d'eau de chaque prélèvement que nous étalerons de façon uniforme avec une pipette râteau sur le milieu gélosé. Les boîtes de Petri seront incubées à l'étuve à 40°C jusqu'à l'apparition de colonies.

c) Culture sur milieu solide, après l'apparition de trouble dans les milieux pré enrichis. Nous avons procédé à l'ensemencement en surface des milieux solides ayant la même composition que le milieu d'enrichissement. Les boîtes ainsi ensemencées sont mises dans des sacs en plastiques, afin de réduire la dessiccation précoce du milieu et ensuite déposées dans l'étuve à 40°C. Les colonies apparues sont ensuite dénombrées.

I.3.3 Purification et conservation des isolats

Après une étude sommaire de l'aspect macroscopique des colonies, on procède à la purification de chaque clone par la méthode des stries. Chaque colonie est repiquée plusieurs fois, jusqu'à sa purification complète. La conservation des isolats est réalisée dans des tubes en verre contenant le milieu SG, SH ou Eder incliné. Ces tubes sont ensemencés, incubés à 40°C pendant 7 à 15 jours et enfin mis dans un réfrigérateur à 4 °C après croissance.

I.3.3.1 Conservation par lyophilisation

Cette méthode est utilisée pour la conservation des souches halophiles strictes. Les cultures jeunes de 72 heures, sont centrifugées à 4000g. Le culot cellulaire est suspendu dans l'eau saline à 25 % NaCl, additionnée d'agent cryoprotecteur DMSO (dimethyl sulfoxyde) à 6%. La suspension bactérienne est transférée dans des ballons à lyophiliser qui seront placés au congélateur, ensuite placés dans le lyophilisateur modèle (Christ). Une fois le vide obtenu dans les ballons, ils seront laissés pendant 24 à 36 heures et les souches ainsi lyophilisées peuvent être conservées pendant de nombreuses années (Tindall, 1992).

I.4 Identification des isolats

L'identification des isolats est basée sur l'étude des caractères phénotypiques, physiologiques, biochimiques et génétiques selon les recommandations de Oren et *al.*, (1997) et du *Bergy's Manual of Systematic Bacteriology* (1989 et 2001).

I.4.1 Caractères culturaux et micromorphologiques

Elle porte sur la description des colonies obtenues sur le milieu solide en se basant sur les caractères morphologiques. L'observation à l'oeil nu est basée sur la description de la forme des colonies, leur taille, chromogénèse, opacité, élévation, aspect de la surface et du contour, la consistance et enfin l'odeur caractéristique des cultures. Quant à l'étude des caractères micromorphologiques, nous avons procédé à la coloration de Gram ainsi que la coloration de Gram modifiée pour l'étude des bactéries halophiles strictes (Dussault, 1955). Un état frais des isolats a été éventuellement préparé permettant de mettre en évidence la mobilité des cellules.

I.4.1.1 Microscopie électronique à balayage

Cette étude a été réalisée uniquement pour certains isolats halophiles stricts potentiellement intéressants pour notre étude. Cette méthode est préconisée par Guillaumin (1980). Elle se pratique en trois étapes essentielles :

a) Fixation et déshydratation des cellules : une suspension en phase exponentielle est étalée sur lamelle, fixée avec du glutaraldhyde à 3% pendant 20 minutes à 4°C suivie d'un rinçage au tampon cacodylate 0,2 N pendant 30 minutes. On sèche, ensuite on baigne la préparation successivement dans des préparations à l'alcool éthylique à 50°, 70°, 90° et enfin 100°, pendant 15 minutes.

b) Dessiccation au point critique : L'échantillon fixé est déshydraté et placé dans une enceinte (chambre dryer) où la température et la pression sont augmentées par injection de CO_2 jusqu'à atteindre la température et la pression critique (32°C, 73 atm). L'échantillon au point critique garde son volume initial, sans déformation, ni dépression.

c) Métallisation: l'échantillon est recouvert d'une mince couche d'un métal conducteur (l'or). L'observation est effectuée au microscope électronique à balayage de type UNICAM après fixation des lamelles sur des portes objets avec une laque conductrice. Des prises de photos des cellules à différents grossissements ont été prises.

I.4.1.2 Etude du pigment produit

Ce test est effectué uniquement pour quelques souches bactériennes halophiles strictes qui présentent une pigmentation caractéristique, les cultures sont réalisées sur milieu SH liquide, et incubées sur une table d'agitation réglée à 200 rpm à 40°C pendant 7 à 10 jours. Les cellules sont ensuite récupérées après centrifugation à 4000 g pendant 20 minutes, puis lavées avec une solution de NaCl à 20% et enfin centrifugées une deuxième fois à 4000 g. Le culot obtenu est mélangé à un système de solvant d'extraction méthanol/acétone (1:1, v/v). L'extrait est récupéré puis analysé par spectrophotométrie UV / visible (Lillo et Rodriguez-Valkera, 1990 ; Oren et *al.*, 1997).

I.4.1.3 Etude de la lyse osmotique

La lyse cellulaire suite à un choc osmotique a été étudiée par la méthode de l'indice de clarification (Asker et Ohta, 2002). Cette méthode est effectuée uniquement pour quelques souches bactériennes halophiles strictes. Deux étapes sont réalisées :

a) Etude qualitative

Cette analyse se base sur l'observation microscopique à l'état frais de deux préparations sur lames et lamelles à partir de cultures microbiennes âgées de 72h. La première lame est préparée à partir d'une suspension bactérienne mise dans une solution saline à 20% NaCl (p/v).

La seconde lame est préparée à partir d'une suspension bactérienne additionnée d'eau distillée. L'observation des deux lames s'effectue sous microscope où l'on compare l'aspect des cellules et leur agrégation. Cette opération est suivie d'une coloration de Gram modifiée.

b) Etude quantitative

On ajoute 5 ml d'une eau fortement saline à une boîte de Petri contenant des cultures bactériennes. La suspension cellulaire est récupérée dans un flacon. Celui-ci est réparti dans deux tubes, tout deux agités ensuite centrifugés à 2000g pendant dix minutes. Les culots sont récupérés. A l'un des tubes, nous avons additionné 6 ml d'eau distillée et dans l'autre 6 ml d'eau fortement saline. On y mesure la densité optique à 600nm après une heure, trois heures, six heures et vingt-quatre heures. Le taux de lyse se traduit par le pourcentage de clarification, il se calcule selon la formule suivante :

$$\% \text{ de clarification} = \frac{T - A}{T} \times 100 \qquad (II.1)$$

T = Absorbance des cellules en présence d'eau saline.
A = Absorbance des cellules en présence d'eau distillée.

I.4.2 Détermination de la concentration optimale en NaCl et en ions Mg^{++}

Cette étude est effectuée en réalisant des cinétiques de croissance en milieu liquide à une température de 40°C et à une agitation de 200 rpm. Le milieu utilisé est le milieu SH liquide préparé avec différentes concentrations de NaCl (%)(p/v): (0, 5, 10, 15, 20, 25, 30 et 35) inoculés par des cultures bactériennes âgées de 72 H. Quant à la recherche de la concentration optimale en ions Mg^{++}, le même milieu SH est préparé avec différentes concentrations de Mg (M): (0, 0.01, 0.02, 0.05, 0.08, 0.1, 0.2, 0.3, 0.5, 0.8, 1 et 1.2). Cette étude est réalisée uniquement pour quelques bactéries halophiles strictes

I.4.3 Détermination des optima de température et de pH

Elle se fait par le suivi des cinétiques de croissance des cultures liquides de quelques bactéries halophiles strictes. Ces dernières sont inoculées dans des erlenmeyers de 100 ml contenant 20 ml chacun de milieu SH ajusté à pH7. L'incubation se fait sous agitation à 200 rpm et à différentes températures (°C) (25, 30, 35, 40, et 50). La détermination du pH optimum est réalisée par l'utilisation du milieu SH liquide ajusté aux différentes valeurs de pH (5,0- 6,0- 7,0- 8,0 et 9,0).

II. 1.4.4 Métabolisme protidique

Des tests sont effectués pour rechercher des enzymes protéolytiques vis-à-vis certains acides aminés. Cette activité est due à des enzymes spécifiques de chaque acide aminé que comporte le milieu de Moeller. On recherche l'ornithine décarboxylase (ODC), l'arginine dihydrolase (ADH), la lysine décarboxylase (LDC). La recherche d'uréase et de l'indole a été recherchée en même temps que la croissance anaérobie en présence des nitrates, la réduction des nitrates en nitrites et la formation du gaz à partir des nitrates. Ces études sont réalisées par l'utilisation de milieux standards modifiés par l'ajout de 20% de NaCl (p/v).

I.4.5 Métabolisme des sucres, alcools et acides organiques

Nous avons procédé par le suivi de la cinétique de l'évolution de la biomasse par mesure de la densité optique à 600 nm, ainsi que l'évolution du pH en milieu liquide agité et chauffé à 40°C. L'étude est réalisée par l'utilisation de milieu SH liquide modifié par l'ajout d'une concentration de 15% de NaCl, la source de carbone est parfois un sucre (glucose, galactose, saccharose, lactose, maltose, fructose, mannose, cellobiose, arabinose, rhamnose, raffinose, xylose et amidon), un alcool (adonitol, sorbitol, mannitol, glycérol) ou un acide organique (acétate, citrate et oxalate) à raison de 5g/l (Oren t *al*., 1997). La recherche de la production d'H_2S, gaz et de la galactosidase a été également effectuée

I.4.6 Recherche des enzymes respiratoires et métaboliques

La recherche des enzymes respiratoires et métaboliques a été réalisée suivant Gerhardt et *al*. (1981) et Oren (1983). Nous avons recherché la catalase, l'oxydase selon les techniques classiques et la citrate perméase a été recherchée sur milieu de Simmons additionnée de 20 % de NaCl (p/v). La mise en évidence des enzymes (amylase, gélatinase et estérase) est effectuée en utilisant des cellules cultivées sur milieu SH additionné respectivement de 0,1% (p/v) d'amidon, de gélatine et de tween 80. Ces milieux sont ensemencés par des inocula de cultures microbiennes de 72 H. Après incubation à 40°C, la lecture se fait par addition d'un révélateur spécifique à chaque enzyme:

- Iodine à 10% : colore l'amidon en bleu violacée. L'action de l'amylase se traduit par l'apparition d'un halo clair (Gonzàlez et *al*., 1978).
- Réactif de Frazier colore la gélatine et tween 80 en noir (15g $HgCl_2$, 20 ml HCl concentré et 100 ml d'eau distillée). La protéolyse se traduit par une zone de clarification autour des spots (Gutiérez et Gonzàlez, 1972).

I.4.7 Etude de la sensibilité aux antibiotiques

Ce test consiste à déterminer la résistance ou la sensibilité des souches bactériennes halophiles strictes à certains antibiotiques: Acide nalidixique (NA), Ofloxacine (OFX), Pénicilline G (P), Ampicilline et dérivés (AM), Amoxicilline et Acide clavulamique (AMC), Erythromycine (E), Spiromycine/ Jovamycine/ Midécamycine (SP), Lincomycine (L), Pristinamycine (PT), Triméthoprime (SXT), Furanes (FT), Gentamicine (GM), Chloramphénicol/ Thiamphénicol (C), Tétracycline (TE) , Doxycycline (DO), Oxacilline (Ox1), Cefotaxime (CTX), Cefalexine (CN), Céfixime (CFM), Rifampicine (RA), Nitroxoline (NI), Fosfomycine (FOS) (Bonelo et *al*., 1984).

Le test est réalisé sur milieu SH solide, inoculé de cultures bactériennes jeunes et mises en culture avec la présence des disques d'antibiotiques, ensuite incubés à

40°C pendant une semaine. La lecture se fait en se basant sur la mesure du diamètre des zones d'inhibition autour des disques.

I.4.8 Analyse des lipides membranaires

Les Archaea halophiles se distinguent des Eubactéries par la composition en lipides qui servent de marqueurs chimiques pour leur identification et leur distinction des autres groupes taxonomiques (Ross et *al.*, 1981). Les étapes sont :

a) Séparation des cellules

Les cultures des souches bactériennes sont réalisées sur des milieux SH liquides incubés à 40°C avec une agitation de 200 rpm. 20 ml de chaque culture sont centrifugés à 12.000 rpm pendant 15 min à 4°C pour séparer les cellules du milieu. Le culot est récupéré, puis suspendu dans 1 ml d'eau distillée, ensuite il est extrait par 3,75 ml d'un mélange du méthanol et chloroforme (2:1, v/v).

b) Extraction des lipides polaires

Pour l'extraction des lipides membranaires, on procède à une agitation de mélange (cellules, méthanol, chloroforme) pendant 4 heures. Ensuite on réalise des centrifugations successives avec changement du système d'extraction pour chaque centrifugation selon le protocole de la Figure 9.

c) Chromatographie sur couche mince (CCM)

Après évaporation et concentration, le produit est repris dans un petit volume de chloroforme. Les lipides polaires sont séparés par chromatographie en une et deux dimensions sur plaques recouvertes d'une mince couche du gel de silice (20 x 20) cm, avec utilisation de système de solvant chloroforme-méthanol-acétate-eau (85:22,5:10:4, v/v) pour la chromatographie monodimensionnelle.

e) Révélation des chromatogrammes

Pour la révélation des glycolipides, on pulvérise les chromatogrammes par un mélange d'α- naphtol à 0,5% (p/v) dissous dans 50% (v/v) de méthanol, puis avec 5% (v/v) d'H_2SO_4 dans de l'éthanol. Les plaques sont chauffées à 150°C pendant 2 min. Pour les phospholipides, on pulvérise les plaques par le molybdate d'ammonium et l'acide sulfurique (Kates, 1972), ensuite on procède au calcul du R_f des taches.

f) Calcul de R_f (Retarding factor ou Rapport frontal)

Le calcul du R_f est un rapport de la distance parcourue par le composé (mesuré au centre de la tache) d_i sur la distance parcourue par le front du solvant d_s.

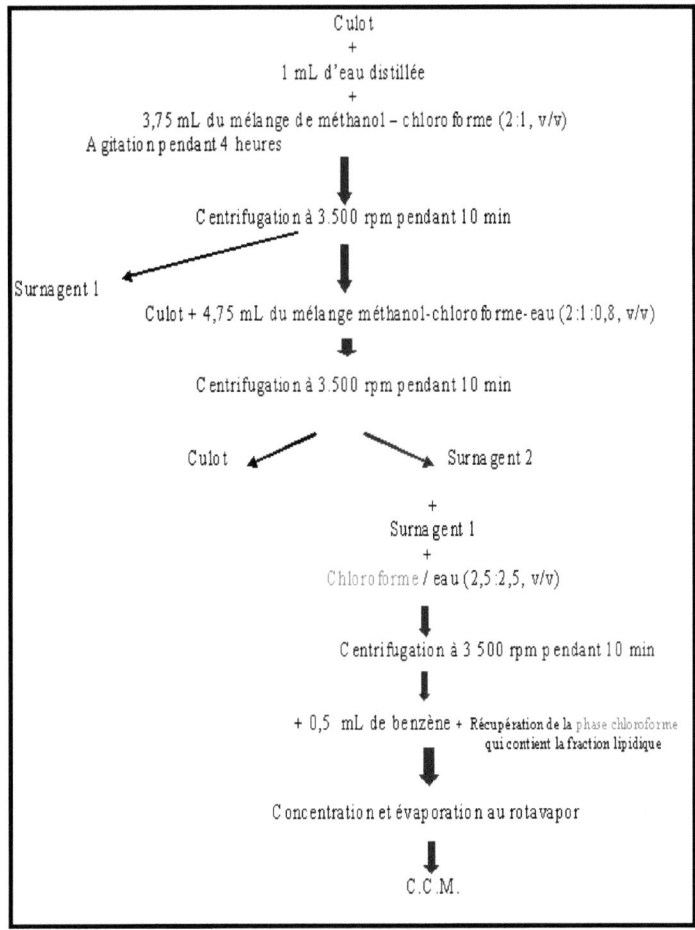

Figure 9 : Protocole d'extraction des lipides membranaires
(Vreeland et Hochstein, 1993)

I.4.9 Extraction de l'ADN, PCR et séquençage de l'ARN 16S

Cette étude a été réalisée uniquement pour 4 bactéries halophiles strictes potentiellement intéressantes pour notre étude. L'extraction de l'ADN a été réalisée selon la méthode décrite par Minz et al., (1999). Une colonie de chacune des quatre souches est prélevée et suspendue dans 30µl d'eau distillée puis chauffé dans l'eau bouillante pendant 10 min afin de lyser les cellules et libérer ainsi l'ADN. Le lysat est incubé dans la glace pendant 15 min puis centrifugé à 13 000xg pendant 10 min à 4°C pour éliminer les débris cellulaires. Le surnageant contenant l'ADN génomique est récupéré ensuite conservé à - 20°C.

L'ADN extrait subit une électrophorèse sur gel d'agarose à 1% durant 30mn sous un courant électrique de 100V. L'ADN a été par la suite récupéré à partir du gel d'agarose et purifié en utilisant le kit de gel d'extraction Jetsorb (Genomic DNA purification system-PROM, EGA).

L'ADN purifié des différentes souches a été amplifié par une PCR Hot Start (94°C) en utilisant des amorces spécifiques aux ARNr 16S des Archaea 21f 5'-TTCCGGTTGATCCYGCCGGA-3' et 958r 5'-YCCGGCGTTGAMTCCAATT-3' (Cytryn et al., 2000). Chaque 50µl de volume réactionnel est composé de 5µl X 10 de tampon PCR, 5µl de dNTP (2.5nM de chaque dNTP), 2.5µl de bovine sérum albumine, 0.5µl de l'amorce 21f (50µM), 0.5µl de l'amorce 958r (50µM), 0.5µl de Taq polymérase (TaKaRa, Otsushiga, Japan) et 1µl d'ADN matrice. Le volume réactionnel est complété à 50µl avec de l'eau pure. Les échantillons analysés sont déposés dans les puits des plaques PCR de 50µl, installées dans un thermocycler de type Perkin-Elmer 480. Le programme suivant a été utilisé : 94°C durant 30mn, suivie de 30 cycles de 94°C durant 15mn, 55C° durant 20°C et 72°C durant 30mn, enfin 72°C pendant 30mn.

Les produits d'amplification obtenus (600-900pb) ont ensuite été purifiés et polyadénylés afin de permettre leur ligation en vecteur pGEMT easy. La souche d'*E. coli* JM109s compétente (Promega, Madison, Wis.) a été transformée par le vecteur au moyen d'un choc thermique. Les plasmides sont purifiés en utilisant les colonnes QIAprep Miniprep columns (Qiagen, Germany) ensuite séquencés par le séquenceur automatique ABI automated DNA sequencer (Applied Biosystems) à Génome express SA à Grenoble.

I.4.9 Analyse phylogénétique et alignement

La première étape de l'analyse phylogénétique consiste à aligner les séquences à comparer. Nous avons utilisé la méthode du Neighbor-Joining (NJ) dans laquelle une matrice initiale est construite en groupant deux à deux les espèces les plus proches (Saitou et Nei, 1987). Cette matrice de distances servira de base à la construction de l'arbre phylogénétique.

Au cours de cette étude, l'arbre phylogénétique est réalisé au niveau du laboratoire BCCM/ LMG ulb Belgique, en utilisant le logiciel BioNumerics (Applied Maths, Belgique), l'alignement des séquences de l'ARNr 16S ont été effectué par paires avec la banque de gènes EMBL.

II. Production et caractérisation de biosurfactants par les bactéries halophiles strictes

En raison des objectifs de ce travail qui consistent à rechercher les souches microbiennes halophiles strictes productrices de biosurfactants, nous avons procédé au criblage de cette production par l'utilisation de 25 souches microbiennes isolées à partir des sebkhas, elles sont en nombre de 25. La production des biosurfactants a été mise en évidence par l'utilisation des techniques suivantes :

II. 1 Test du "drop-collapsing"

Selon Bodour et Maier (1998), cette technique qualitative est réalisée dans un couvercle de polystyrène, plaque de 96-micropuits (12.7 x 8.5cm). Les couvercles ont 96 puits circulaires (diamètre, 8 mm). Avant utilisation, chaque couvercle est rincé trois fois avec de l'eau chaude, de l'éthanol et d'eau distillée, puis séché.

Après la préparation, chaque puits est rempli d'une fine couche d'huile. Plusieurs huiles ont été testées (huile d'olive, tournesol et colza). Pour ce test, chaque puits a été enduit de 1,8 µl de 10W-40 Pennzoil® (huile choisit). Cette huile a été répandue comme une mince couche sur le fond du puits.

Pour l'essai, 5 microlitres de l'échantillon sous forme de moût de culture ont été déposés dans le centre du puits à l'aide d'une seringue en verre de 25 µl (Hamilton, Reno, NV, USA) à un angle de 45°. La seringue a été rincée trois fois entre chaque échantillon avec de l'eau et ensuite avec de l'acétone. Les résultats ont été déterminés visuellement après 1 min. Si la goutte est restée perlée, le résultat est négatif. Si la goutte s'est étalée, le résultat a été marqué comme positif. Chaque expérience est répétée trois fois.

II.2 Test d'émulsification E_{24}

Ce test a été mis au point par Francy et *al*. (1991) puis modifié par Bodour et Maier (1998). Ce test permet de vérifier la capacité des souches microbiennes à émulsionner une phase hydrophobe dans une phase hydrophile.

Le test consiste à mélanger 3 ml du mout de fermentation avec 3 ml d'hydrocarbure (diesel) dans des tubes et après homogénéisation des deux phases, on procède au calcul de l'index d'émulsion que l'on compare au témoin. Ce dernier est constitué du milieu de culture non inoculé. Les tubes sont laissés pendant 24 heures à température ambiante, puis on recalcule une seconde fois, l'index d'émulsification E_{24} pour vérifier la stabilité de l'émulsion.

L'index d'émulsion E_{24} se calcule par le rapport de la hauteur de l'émulsion formée sur la hauteur totale du mélange multiplie par 100. Le diesel utilisé dans nos expériences est sans additifs, il est obtenu directement au niveau des raffineries Naftal d'Alger.

$$E_{24} = \frac{He}{Ht} \times 100 \qquad (II.2)$$

He: hauteur de l'émulsion formée (cm).
Ht : hauteur totale de mélange (cm).

II.3 Localisation des Biosurfactants

Les biosurfactants sont des molécules extracellulaires ou attachées à la surface cellulaire (Cameron et *al.*, 1988 ;Tabatabaee et *al.*, 2005). C'est pour cette raison que nous avons cherché à localiser leur production par les souches halophiles strictes et de les mettre en évidence. A partir d'un moût de fermentation, on prélève 50 ml, on effectue une centrifugation à 4,500 x g pendant 10 min et on récupère 3 ml du surnageant. Chacun des surnageants est additionné de 3 ml d'un hydrocarbure (diesel), le mélange est agité à l'aide d'un vortex pendant 2 à 3 min, puis on calcule l'index d'émulsification (E_{24}).

II.4 Production de biosurfactants par fermentation

II.4.1 Milieux de culture

Dans un premier lieu, nous avons utilisé le milieu SH, ensuite nous avons utilisé en second lieu, un milieu à base de lactosérum doux, provenant de l'unité O.R.L.A.C de Boudouaou. Ce dernier subit une déprotéinisation par chauffage. Nous avons utilisé le lactosérum diluée à 2g/l de lactose, additionnée de (par litre): Extrait de levure: 1 ; NaCl: 150; $MgCl_2$ 6 H_2O: 80 g à pH 7. Le chlorure de sodium est stérilisé séparément dans des flacons, ensuite rajoutés extemporanément aux autres composants du milieu (afin d'éviter la précipitation du sel). Le pH est ajusté à 7,5 avant stérilisation des milieux à l'autoclave à 120°C pendant 20 min.

II.4.2 Préculture

Cette étude a été réalisée sur une souche halophile stricte (souche D21) en raison de son aptitude à former des émulsions à basse tension superficielle. Cette souche est réactivée par une préculture. La préparation de cette dernière se fait en 2 étapes de 72 heures chacune en Erlenmeyer de 500 ml contenant chacun 100 ml de milieu SH. La première préculture a permis l'adaptation de la souche aux conditions du milieu et la seconde a servit d'inoculum. Le pH a été ajusté à 7,5 au début de la fermentation avant la stérilisation. La température a été régulée à 40°C et l'agitation a été fixée à 200 rpm.

II.4.3 Culture en Batch

Les cultures en batch ont été réalisées en Erlenmeyer et en fermenteur. Les expériences ont été réalisées dans un premier lieu en milieu SH afin de pouvoir comparer la cinétique obtenue à celle du milieu à base de lactosérum. Des cultures sont réalisées dans des erlenmeyers de 500 ml contenant 100 ml du milieu SH liquide. L'inoculation se fait en prélevant une jeune colonie de 72 heures de la souche à étudier à partir du milieu solide et les cultures seront ensuite incubées pendant 7 à 10 jours. La température est fixée à 40°C pour toutes les expériences. L'agitation est réglée à 200 rpm.

II.4.3.1 Fermenteur

La fermentation s'est réalisée dans un bioréacteur de type Minifors d'une capacité totale de 2.5L. Ce fermenteur est composé d'une cuve en verre borosilicatée, d'un bloque chauffant et d'une extension thermo bloque ; l'ensemble est relié à l'unité de base permettant une configuration et un contrôle de tous les paramètres du réacteur à l'aide du panneau de contrôle (Minifors direct digital control (DDC)).

La température est réglée par un régulateur balayant une gamme de 0 -60°C. Le pH est de même contrôlé par un système de régulation automatique contrôlant une pompe péristaltique munie d'une sonde à pH. L'aération du bioréacteur ; muni d'un diffuseur d'air fixe est assurée par un compresseur d'air (1 bar) relié à un rotamètre à fin de fixer le débit d'air (0-6 v.v.m). La mesure de la pression partielle de l'oxygène dissous (P_{O_2}) est réalisée à l'aide d'une sonde polarographique Ingold reliée à un oxymètre. L'agitation est assurée par un arbre d'agitateur muni de deux agitateurs à pales et relié au moteur du fermenteur (rpm entre 30 -300).

II.4.3.1.1 Préparation du fermenteur

L'étude de la cinétique a été réalisée dans un fermenteur Minifors d'une capacité de 2.5L en culture discontinue, le volume utile est donc estimé de 1.6L. La cuve, préalablement nettoyée, est remplie du volume du milieu requis puis stérilisée avec les périphériques du fermenteur (flacons de réactifs, système de prélèvement, tête de pompe.... etc.) à l'autoclave pendant 30 min à 121°C.

II.4.3.1.2 Conditions opératoires

Les conditions opératoires de la culture sont choisies selon les conditions de culture de la souche étudiée. La température est fixée à 40°C, le pH est ajusté à 7.00 par l'ajout de la soude NaOH (2N) ou de l'HCl (1N). L'agitation est maintenue à 200 rpm et l'aération à 1 v.v.m. La formation de mousse est contrôlée par l'ajout d'anti-mousse aseptique sous forme d'octanol.

II.4.3.1.3 Inoculation du fermenteur

L'inoculation du fermenteur s'est faite à l'aide d'une aiguille perce septum. Le flacon contenant l'inoculum est alors transvasé dans la cuve par surpression à l'aide d'une seringue connectée au filtre du flacon. Le volume de l'inoculum est d'1/10 du volume utile. La suspension bactérienne est pure, âgée de 72 H et sa densité optique à 600nm est comprise entre [2-3]. La figure 10 présente un schéma simplifié de la conduite de fermentation en batch :

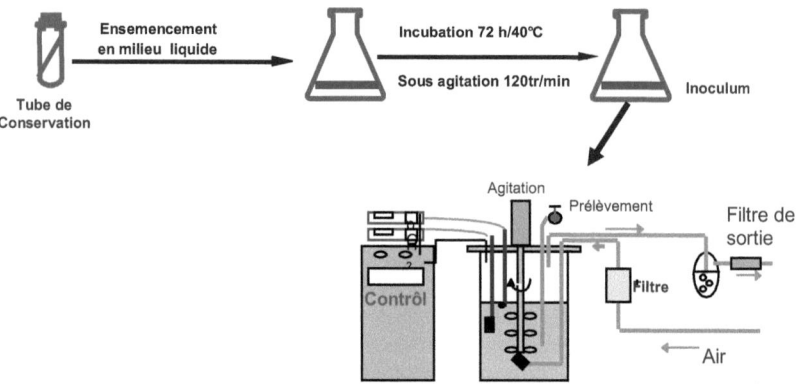

Figure 10 : Schéma du principe d'une culture en batch.

II.4.4 Les méthodes analytiques

Le suivi de la cinétique de croissance a été fait par le contrôle régulier des paramètres suivants: L'estimation de la biomasse, dosage des sucres réducteurs, calcul de l'index d'émulsification et le suivi de la tension superficielle.

II.4.4.1 Estimation de la biomasse

L'évolution de la biomasse a été fait par deux méthodes différentes. Ces méthodes apportent des informations complémentaires et leur combinaison augmente la fiabilité de nos résultats. Le suivi de la biomasse a été effectué tout au long des fermentations.

II.4.4.1.1 Spectrophotométrie (Turbidimétrie)

La densité optique (DO) mesurée traduit le pourcentage de lumière non transmise par la suspension de cellules. L'absorbance est proportionnelle à la quantité de biomasse présente dans l'échantillon.

La DO a été mesuré à 600nm, avec un spectrophotomètre modèle Hitachi® U-2000TM équipé du monochromateur Seya-Namioka®. Les mesures ont été réalisées dans des cuves en verre de 2 mm de trajet optique.

II.4.4.1.2 Méthode gravimétrique (Poids sec)

Cette méthode a pour but d'estimer la masse de cellules contenue dans un volume donné de l'échantillon. La biomasse est évaluée en centrifugeant 10 ml de la culture à 3200 tours/min, pendant 15 minutes. Après lavage à l'eau salée à 20% pour garder l'intégrité des cellules, le culot est récupéré dans une capsule en acier inoxydable préalablement tarée, puis séché à 105°C pendant 24 heures. La biomasse sèche est exprimée en g/L.

Cette méthode est utilisée en parallèle de la mesure turbidimétrique pour obtenir une corrélation DO/concentration en biomasse (Poids-sec) afin d'éviter le recours systématique à cette technique longue et peu précise dans les faibles valeurs de biomasse (Robinson et al., 2005).

II.4.4.2 Analyse des sucres

La concentration des sucres réducteurs présente dans les échantillons de milieux de culture prélevés au cours des fermentations est déterminée par la méthode de DNSA. L'acide dinitrosalycilique réagit avec les extrémités réductrices des sucres en donnant une réaction colorée (Tasun et al., 1970).

La densité optique est obtenue à l'aide d'un spectrophotomètre UV/Vis à une longueur d'onde de 530 nm. Le protocole détaillé ainsi que la courbe étalon est donné dans l'annexe 7.

II.4.4.3 Suivi de la tension superficielle

L'activité de surface de tous les échantillons prélevés à partir des cultures en fermentation est testée en mesurant la tension superficielle par la méthode de Ring (Rodrigues et al., 2006.

Nous avons réalisé les mesures à l'aide d'un tensiomètre KRUSS F6 instruments et ont été effectués avec un anneau de DuNouy. Cette méthode est basée sur l'interaction d'un anneau en platine avec la solution à tester. Les unités de mesure des tensions de surface sont le Dynes/Cm ou le mN/m

II.4.4.4 Calcul des paramètres stoechiométriques et cinétiques

- Le rendement $Y_{X/S}$ (g biomasse/g sucre) en biomasse par rapport au sucre est défini comme :

$$Y_{X/S} = \frac{X_f - X_o}{S_o - S_f} \qquad (II.3)$$

- La vitesse instantanée de production de biomasse est définie comme (rx) :

$$r_x \ (g/L/h) = \frac{dX}{dt} \qquad (II.4)$$

- La vitesse instantanée de consommation de substrat est définie comme (r_s) :

$$r_s \ (g/L/h) = \frac{dS}{dt} \qquad (II.5)$$

- La vitesse spécifique de croissance est définie comme (µ):

$$\mu(h^{-1}) = \frac{1}{X} \frac{dX}{dt} \qquad (II.6.)$$

II.5 Caractérisation des biosurfactants produits

Toutes les études qui vont suivre ont été réalisées uniquement pour deux souches bactériennes halophiles ayant montré des potentialités intéressantes à produire des biosurfactants.

II.5.1 Extraction des biosurfactants

Pour extraire les biosurfactants du milieu de croissance, il est d'abord nécessaire de séparer les bactéries du milieu de culture par centrifugation. La récupération des biosurfactants dépend principalement de leur charge ionique, de leur solubilité et de leur localisation (extracellulaires ou liés aux cellules).

Au cour de cette étude, nous avons utilisé plusieurs protocoles d'extraction de biosurfactants, on cite celui de Horowitz et Griffen (1991), mais l'on retient uniquement celui de Cooper et al., (1981) qui a permis d'avoir un bon rendement d'extraction.

L'extrait brut des biosurfactants a été obtenu après centrifugation d'un moût de fermentation en culture (10 000x g, 10 min, 4° C), le surnageant formé est ajusté à pH 2 au moyen d'une solution d'acide chlorhydrique 1 N HCl. Le liquide acidifié a été maintenu à 4°C pendant une nuit, le précipité qui s'est formée a été collecté par centrifugation (17,300x g, 30 min, 4°C).

Le précipité est dissous dans de l'eau distillée, le pH a été ajusté à 7,0 à l'aide d'une solution NaOH 1N, l'extrait est séché et ensuite pesé. A partir du produit brut, on procède ensuite à une triple extraction par un mélange de solvant chloroforme / méthanol (2:1, v/v), L'extrait est séché à l'aide d'un évaporateur rotatif sous vide. Le concentré est ensuite lyophilisé.

II.5.2 Détermination de la concentration micellaire critique CMC

La CMC est la concentration pour laquelle la tension superficielle devient minimale (environ 30 mN/m en solution aqueuse). Cette concentration est déterminée à la température de 25 $\pm$ 1°C par la mesure de tension superficielle en fonction des différentes concentrations des extraits obtenus après leurs dilutions successives dans l'eau déminéralisée.

La CMC est le point d'intersection de deux courbes, déterminée graphiquement par l'utilisation d'une linéarisation de la transformation logarithmique des concentrations et de celle de la tension superficielle mesurée.

II.5.3 Stabilité des émulsions formées

Cette étude a été réalisée pour deux souches halophiles strictes (souches A21 et D21), celles-ci ont montré des activités de surface très intéressantes. Cette étude est réalisée en suivant les protocoles de Cameron et al., (1988) ainsi que Das et al., (1998). L'extrait brut du biosurfactant produit par chacune des souches est dissout dans de l'eau distillée, le pH a été ajusté entre 2 et 11 à l'aide d'une solution d'acide chlorhydrique 2N ou d'une solution de KOH 2N.

Les émulsions formées ont été testées aussi avec 10, 15, 20, 25 et 35% (p/v) de chlorure de sodium et 0, 10, 25 et 50% (v/v) d'éthanol dans la phase aqueuse. 3 ml de diesel sont ajoutés, les tubes sont vortexés, et les index d'émulsification sont mesurés après 1 heure, 24 heures et 48 heures.

Pour l'évaluation de l'effet de la température sur la stabilité, des émulsions contenant 0,14% (w/v) de biosurfactant extrait mis en solution aqueuse dans de l'eau distillée additionnée de diesel ont été déposées à - 4°C, à + 4°C et sous une température ambiante pendant une période prolongée. D'autres émulsions préparées de la même manière ont été soumises à trois cycles de chauffage (40°C, 16 heures) et de refroidissement (température ambiante, 8 heures) La stabilité des émulsions formées est estimée par la mesure de l'index d'émulsification (ES, %).

II.5.4 Essai de purification des biosurfactants et caractérisation des extraits semi purifiés

II.5.4.1 Chromatographie sur couche mince

Afin de purifier et d'identifier les constituants des biosurfactants produits, il était difficile de trouver un système de solvant adéquat, nous avons retenu le protocole suivant (Kebbouche-Gana et al., 2009). Les plaques de CCM utilisées sont de type gel de silice 60A (Merck). Elles ont été activées à 120°C avant d'être utilisé. Les composés glucidiques et peptidiques ont été séparés dans un système de solvant S1 (chloroforme-méthanol-acide acétique, 80:18:2, v/v). Les constituants peptidiques ont été visualisés par vaporisation de la ninhydrine (5 mg de ninhydrine dans 50 ml de butanol-50 ml de mélange d'acétone) et de chauffage à 100°C pendant 5 min (Hodge et Hofreiter, 1962). Les composés sucrés ont été localisés par chauffage des plaques à 110°C pendant 5 min après pulvérisation du réactif à l'anthrone (Hodge et Hofreiter, 1962).

Par ailleurs, le système de solvant S2 (chloroforme-méthanol-acide acétique, 97:2:1 v/v) a été utilisé pour la séparation des lipides. Ces derniers ont été détectés sous forme de taches brunes sur les plaques de CCM après leur pulvérisation à l'aide dune solution d'acide chromosulfurique (Abu-Ruwaida et al., 1991).Tous les solvants organiques utilisés sont d'une grande pureté (Sigma-Aldrich).

II.5.4.2 Chromatographie sur colonne ou filtration sur gel

Le principe de cette chromatographie et de séparer les molécules en fonction de leur taille selon qu'elles pénètrent ou non dans les mailles du gel.

II.5.4.2.1 Protocole expérimental

a) Préparation du gel:

2 g du gel de Le Sephadex™ G-75 sont mis à gonfler par hydratation pendant trois heures au bain-Marie bouillant (100°C) dans un Erlenmeyer sous vide, puis on élimine les bulles d'air par dégazification par utilisation d'une pompe à vide pendant une demi-heure.

b) Remplissage de la colonne:

A l'aide d'une baguette en verre, le gel est coulé sur les parois de la colonne. Le gel doit être bien tassé, homogène et présenter une seule phase. En effet, l'opération de remplissage de la colonne conditionne l'efficacité de la séparation sans qu'il y ait de bulles d'air ou de zones mortes. Pendant la phase d'élution avec le solvant on veillera également à ne pas assécher la partie supérieure de la phase fixe. La colonne est équilibrée avec la solution tampon (0.05M NaCl, 0.05 % SDS, 0.05%NaN$_3$).

c) Dépôt de l'échantillon:

On dépose très doucement à l'aide d'une seringue, sans toucher les parois de la colonne, 1 ml de l'échantillon de biosurfactant (l'extrait brut).

d) Élution :

Le débit d'élution des métabolites choisit est de l'ordre de 2 ml/min. Les éluats sont recueillis dans des tubes à essai à raison de 2 ml par tube.

II.5.4.2.2 Analyses spectrophotométriques des éluats

A l'aide d'un spectrophotomètre, on trace les spectres d'absorption A = $f(\lambda_{280})$ des éluats issus de la séparation précédente. Dans chaque fraction éluée, on procède à la lecture de la densité optique à 280 nm afin de déterminer la concentration en protéines de l'élua.

a) Dosage des protéines

La concentration des protéines présente dans les éluats obtenus lors de chromatographie sur colonne est déterminée par la méthode de Bradford (1976). Le sérum bovin albumine (BSA) est utilisé comme étalon standard. La mesure de la densité optique se fait à 595 nm. Le protocole détaillé ainsi que la courbe étalon est donnés dans l'annexe 8.

b) Dosage des sucres réducteurs par la méthode de DNSA

La concentration des sucres réducteurs présente dans les éluats obtenus lors de la chromatographie sur colonne est déterminée par la méthode de DNSA (Tasun et *al.*, 1970).

CHAPITRE III. RESULTATS ET DISCUSSION

I Etude de la flore bactérienne halophile : Dénombrement, isolement et identification des bactéries halophiles strictes

I.1 Analyses physico-chimiques des échantillons d'eau

Le Tableau IX résume les principaux résultats de l'analyse physicochimique des eaux provenant de deux sebkhas In Salah et de Bejaia ainsi que l'eau de gisement et l'eau d'injection récoltées d'un gisement de pétrole de la région d'In Amenas. Le pH présente des valeurs entre 4 et 7,46 dans tous les échantillons d'eaux prélevés. Le pH de l'eau de gisement est relativement acide, ce paramètre est lié à l'aquifère de la strate géologique correspondant. Quant aux températures, celles-ci différent d'une eau à une autre, les températures mesurées sont comprises entre 25 et 40°C. Par ailleurs, on note des valeurs importantes de conductivité dans les trois échantillons d'eau prélevés qui peut s'expliquer par la présence de sel (NaCl) dans ces eaux.

Tableau IX : Résultats des analyses physicochimiques des eaux prélevées

Prélèvement Paramètre	Eau de sebkha Beni Maouche	Eau de sebkha In Salah	Eau d'injection	Eau de gisement
pH	7.46	6.94	7	3,5
Température (°C)	25	29	35	40
Conductivité (µs /cm)	14400	$170.2 \cdot 10^3$	-	591000
Na^+ (mg/l)	23000	4100	7200	65000
Ca^{+2} (mg/l)	828	452	1342.68	57
Mg^{++} (mg/l)	343.68	165.2	449.92	300
Cl^- (mg/l)	98831	104790	13650.94	374000
K^+ (mg/l)	34	45	75	115
HCO_3^- (mg/l)	658.8	1083.33	237.9	201
NO_2^- (mg/l)	0,05	0,04	0,08	0,03
NH_4^+ (mg/l)	907.2	1491.84	7	6
NO_3^- (mg/l)	<0,05	<0,05	0,06	0,06
SO_4^{2-} (mg/l)	352	434	1727.75	2695,3
TAC (F°)	54	46	-	105,2
TA (F°)	0	0	-	-
TH (F°)	270	160	-	-
Salinité (g/l)	178,41	189,1	24,66	› 400

La composition physico-chimique de l'eau a un rôle très important. Elle nous renseigne sur la présence des éléments minéraux indispensables à la croissance des microorganismes. En effet, toutes ces eaux possèdent une forte concentration en chlorure de sodium (NaCl) favorable pour la croissance des bactéries halophiles. Elles sont également riches en ions Cl$^-$ et Mg^{+2}, nous remarquons bien qu'ils sont présents en concentration importante. Ces ions, en particulier les Mg^{2+}, sont des éléments qui favorisent la prolifération de la flore halophile extrême (Eisenberg et al., 1987). D'autre part, la présence d'oligo-éléments dans le milieu tels que, Ca^{+2} est nécessaire au métabolisme bactérien (Vreeland et Hochstein, 1993).

Les ions chlorures se retrouvent en plus forte concentration dans tous les échantillons d'eaux notamment dans l'eau de gisement. Les chlorures accentuent la corrosion, car combinés au fer ferrique, ils forment les chlorures ferriques qui sont extrêmement agressif.

Quant aux salinités calculées, on note que les prélèvements des eaux des deux sebkhas sont relativement salins. Mais celles-ci demeurent inférieures à celles de la mère morte (32%), des grand lacs salants (33.2%), de wadi Natrun (39%) (Tableau X) (Vreeland et Hochstein, 1993) et du lac d'El-Goléa (67.5%) (Hacéne et al., 2004). La composition en ions des lacs salés dépend de la topographie, de la géologie et des conditions climatiques. Une évaporation accentuée entraîne la formation des dépôts de sel. La genèse de ces dépôts n'est pas complètement comprise, toutefois, le calcium et le magnésium sont deux paramètres très importants (Hardie et Eugster, 1970; Eugster et Hardie ,1978).

Tableau X : Composition de quelques lacs hypersalés et de saumures (Vreeland et Hochstein, 1993).

Composition g/l	Mer morte	Grand lac salé Utah	Wadi Natrun Egypte	Marais salant Puerto Rico
Na$^+$	39.2	105.4	142.0	65.4
K$^+$	7.3	6.7	2.3	5.2
Mg^{2+}	40.7	11.1	0.0	20.1
Ca^{2+}	16.9	0.3	0.0	0.2
Cl$^-$	212.4	181.0	154.6	144.0
Br$^-$	5.1	0.2	Nd	nd
SO$_4^{2-}$	nd	27.0	22.6	19.0
HCO$_3$/CO$_3^{2-}$	nd	0.72	67.2	nd
Salinité totale	322.6	332.5	393.9	253,9
pH	5.9-6.3	7.1	11.0	nd

nd : non déterminé

D'après la littérature, le cation majeur des saumures continentales est presque toujours le sodium (Na$^+$). Il existe très peu de saumures à magnésium (Mg^{++}) ou calcium (Ca^{++}) dominant et l'on ne connaît pas de saumures naturelles ou le potassium (K$^+$) soit le cation principal. Les anions majeurs sont le chlorure (Cl$^-$), le sulfate (SO$_4^{2-}$)

ou le carbonate (CO_3^{2-}). Il existe des saumures à NaCl (90% des cas), à $Na-CO_3-Cl$, à $Na-SO_4-Cl$, à Na-Mg-Cl et à Na-Ca-Cl (Sorensen et al., 2004).

Par ailleurs, la salinité de l'eau d'injection est de 24.66g/l. Cette teneur en sel est assez faible comparée aux eaux modérément salées. Ce qui conduira donc au développement des groupes bactériens préférentiellement de type halotolérants. Pour réaliser la récupération secondaire de pétrole, de l'eau sous pression est injectée, dans la formation géologique. L'injection d'eau a pour but d'éliminer l'eau souvent salée produite avec le pétrole et d'améliorer la récupération du pétrole par poussée radicale à partir des puits d'injection vers les puits de production. Ceci permet le maintien de pression pour favoriser une récupération suffisante de pétrole.

D'autre part, la salinité de l'eau de gisement est chargée en sel. Selon Grassia et al., (1996), tous les pétroles, lorsqu'ils sont extraits de leurs gisements, sont accompagnés de gaz et d'eau salée. l'eau de gisement accompagne le pétrole brut dans le gisement producteur, cette eau de gisement ou de formation peut provenir soit de l'aquifère qui se trouve à la base des gisements pétrolifères, soit de la roche magasin elle-même, elle est généralement très chargée en sels jusqu'à saturation, le sel prédominant est le chlorure de sodium mais il est toujours accompagné de quantité variable de calcium, potassium, carbonates, bicarbonates chlorures et de Baryum sous forme de chlorure de baryum.

Nous avons constaté que le titre alcalimétrique complet est élevé dans toutes ces eaux. Elles sont riches en bicarbonates (HCO_3^-) qui sont utilisés comme source de carbone par les bactéries autotrophes (Sorensen et al., 2004).

Les nitrates (NO_3^-) et les nitrites (NO_2^-) sont relativement très faible dans tous les échantillons d'eaux, l'azote ammoniacal (NH_4^-) est présent en quantité importante dans les eaux de sebkhas. Quant aux ions sulfate (SO_4-), on observe également qu'ils sont présents en concentration relativement élevée au niveau des eaux d'injection et de gisement. Le sulfate constitue la forme la plus oxydée du soufre. Il joue un rôle essentiel dans le cycle biologique, favorisant ainsi le développement de bactéries sulfatoréductrices (Cordonier, 1995).

I.2 Dénombrement de la flore bactérienne halophile

La distribution de la population bactérienne dans les différents prélèvements d'eau est déduite du nombre de bactéries exprimé en unité formant colonie UFC /Ml. Elle est obtenue à différentes concentrations de NaCl (0, 5, 10, 20 et 30%) (p/v). Lors de cette étude, nous avons distingués les populations suivantes :

1. Non halophiles: ne se développent pas en présence de sel ou du moins dés que la concentration atteint 0.2 M (1.16%),
2. Halophiles faibles: présentent une bonne croissance sur des milieux contenant 0.2 à 0.5 M de sel (1.16%-2.9%),
3. Halophiles modérés : Bactéries qui se développent d'une manière optimale dans un milieu contenant entre 3% et 15% de sel

4. Halotolérants : ne nécessitent pas de sel pour leur croissance mais peuvent pousser en sa présence et supportent jusqu'à 1.8 M (10.4%).
5. Halophiles extrêmes : cette nomenclature a été utilisée pour décrire les souches halophiles strictes c'est-à-dire les souches qui exigent pour leur croissance des concentrations entre 2.5 à 5.2 M (14.5-30 %) de sel.

Concernant les eaux de sebkhas, le dénombrement de la flore bactérienne totale contenue dans ces eaux est obtenue à différentes concentrations de NaCl (0, 5 ,10 ,20 et 30%) et à deux valeurs de pH (7 et 12). La Figure 11 montre deux populations différentes : La population bactérienne neutrophile, qui pousse à un pH 7 en présence de sel (5, 10, 20 et 30% NaCl), les bactéries peuvent être des halotolérants ou des halophiles strictes. On constate que les populations halophiles et non sont quantitativement plus importante dans les prélèvements à 0%, 5% et à 10% NaCl que dans les concentrations supérieures sauf le cas de la sebkha d'In Salah, la présence d'une microflore bactérienne est remarquée à des concentration saturante de NaCl. En effet, la salinité étant le facteur limitant, à des concentrations saturantes, ce dernier favorise la croissance de la population halophile stricte.

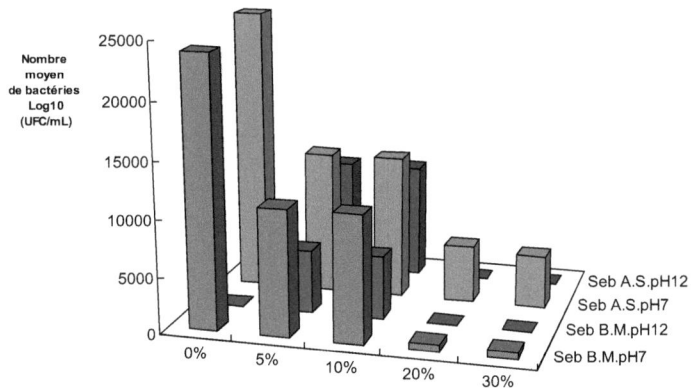

Figure 11 : Dénombrement des bactéries des eaux de sebkha de Beni Maouche (Seb B.M) et sebkha d'In Salah (Seb A.S.) sur milieu SG à pH 7, pH12 et à différentes concentrations de NaCl (%) (p/v)

Par ailleurs, une population bactérienne alcalophile est présente à pH 12 en présence de 5% et 10% de NaCl uniquement, ce développement est remarqué dans les prélèvements d'eau des deux sebkhas.

A la lumière des résultats obtenus lors des dénombrements effectués, il apparaît que la distribution quantitative et qualitative de la population bactérienne neutrophile et alcalophile (halophiles et non) peut être régie par certains paramètres tel que, le facteur climat qui inclue les précipitations et l'évaporation de l'eau, ce qui peut avoir une influence directe sur la composition chimique des eaux, plus particulièrement de la salinité. Celle-ci a un effet inhibiteur sur la flore non halophile et un effet activateur sur la flore halophile.

D'autre part, la composition chimique des eaux qui favorise le développement de micro-organismes non halophiles, ainsi que les conditions expérimentales, en effet, la composition du milieu en sel et le pH du milieu sont deux facteurs sélectifs importants qui nous ont permis d'estimer quantitativement les populations neutrophiles et alcalophiles et la population halophile et non halophile des eaux de ces sebkhas.

La plupart des halophiles extrêmes isolés jusqu'à ce jours proviennent des lacs salés plus particulièrement de la mer morte, des grands lacs salés, des lagunes côtières où l'évaporation est intense (Vreeland et Hochstein, 1993) de sel de cuisine, de produits alimentaires protéiques conservés par salaison (viandes, poissons, saucisses et fromage) et de peaux conservées aussi par salaison (Torreblanca *et al.*, 1986).

Ces microorganismes apparaissent rapidement chaque fois que le sel est présent et mis en évidence par évaporation dans le sol (terre) ou dans les eaux (mers, lacs, etc.). Ils donnent la couleur rouge ou pourpre aux eaux qu'ils colonisent. Cette coloration est due à la présence de la bactériorubrine (pigment caroténoïde qui joue le rôle de protecteur contre les rayons solaires). Ils peuvent s'étendre d'un site à un autre sur des grains de sel cristallisés secs par les vents ou par le biais des pattes et les plumes des oiseaux qui s'alimentent sur les sites peu salés ou autour des sites salés (Kushner, 1998).

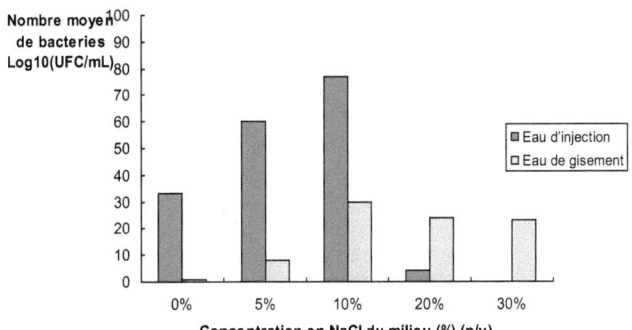

Figure 12 : Dénombrement de la flore bactérienne totale à partir de l'eau d'injection et de l'eau de gisement

On trouve aussi des microorganismes halophiles dans les lacs salés froids, comme les lacs organiques de la mer Antarctique qui a été bien étudiée, et présente un intérêt pour les biotechnologues (Kunte et al., 2001).

Le domaine des Bacteria regroupe la plus grande diversité des halophiles, la plupart étant halophiles modérées plutôt qu'extrêmes. En passant en revue les principaux phyla, tels qu'ils ont été définis par Rappé et Giovannoni (2003), il en ressort que les halophiles sont ubiquistes et présents dans un grand nombre de groupes phylogénétiques. D'autre part, le dénombrement de la microflore présente dans les eaux d'injection et eaux de gisement est illustré dans la Figure 12, nous montrent que la flore halophile stricte est quantitativement plus importante dans l'eau de gisement que dans les eaux d'injection dans lesquelles la flore non halophile est prédominante.

Les habitats aquatiques hébergent toute sorte de micro-organismes, bactéries, levures, champignons, et algues…etc. Ces micro-organismes vivent souvent en association dans des biofilms. Ces derniers sont constitués de cellules et de substances polymériques extracellulaires. Cette association permet le développement d'un métabolisme coopératif global, affectant sérieusement le processus de corrosion, qu'aucune des espèces isolées n'aurait pu développer seule (Beech, 1999).

Selon Eder et al., (2001), la majorité des micro-organismes identifiés dans l'eau proviennent des biofilms. Ainsi la concentration planctonique (organismes en suspension) influence le nombre des cellules fixées (sessiles) car dans la plupart des milieux naturels, la population de bactéries réellement libres ne présente qu'une part infime de la population bactérienne du milieu (0.02 à 0.04%). Lorsque les organismes aérobies et anaérobies vivent en communauté, ils forment des couches trophiques entre lesquelles ils créent leur propre environnement.

Selon Ollivier et al., (1995), la présence de bactéries aérobies strictes ou aéro anaérobies facultatives dans l'eau permet aux bactéries anaérobies strictes corrosives de proliférer. Ces bactéries participent à la création de conditions anaérobiques avec consommation de l'oxygène présent dans le milieu.

Certains auteurs ont montré que la présence entre 10 et 10^4 de germes aérobies/ml favorise le développement des bactéries sulfatoréductrices (BSR). Ainsi à des concentrations se situant entre 10^3 et 10^4 UFC/ml de BSR, la corrosion des installations pétrolières tend à augmenter avec le temps de contamination du milieu de culture (Carsten et *al.*, 2008).

En ce qui concerne l'eau de gisement, la population microbienne présente est relativement moins importante que celle de l'eau d'injection. On peut expliquer cela par la forte concentration en sel (NaCl) qui peut atteindre la saturation (300 g/l). La salinité de l'eau de gisement est un facteur sélectif qui peut favoriser la croissance de la flore microbienne halophile et empêche la croissance des autres germes non halophiles, qui sont les plus fréquents (Singleton, 1996). La température et le pH sont parmi les principaux paramètres influençant la croissance de la population microbienne (Singleton., 1996).

I.2.1 identification des isolats

La sélection préliminaire des isolats a été basée sur les caractères culturaux et macroscopiques des colonies, et plus particulièrement leur chromogénèse. Nous avons tenu compte également des milieux sélectifs et du pH du milieu d'isolement. Quant aux différents milieux de culture sélectifs utilisés pour les isolement, les résultats ont montré que le milieux SG s'avère être favorable à la croissance de la microflore halophile stricte. Au total, nous avons isolé 50 souches bactériennes de toutes les eaux prélevées. L'identification a permis de révéler 8 isolats bactériens différents à partir de l'eau d'injection et 5 souches bactériennes ont été isolées à partir de l'eau de gisement. Les caractères macroscopiques et microscopiques des souches isolées sont résumés dans le Tableaux XXIV, XXV et XXVI (Annexe 9). Selon les critères d'identification établis par Boone et Castenfholz, 1989 ; Grant et Larsen, 1989, 1990; Grant et *al.*, 2001, nous avons pu mettre en évidence dans l'eau d'injection différents genres appartenant à des différentes familles, les affiliations respectives sont présentées dans le Tableau XI.

Tableau XI: Affiliations préliminaires des souches bactériennes isolées à partir de l'eau d'injection

Isolat	Genre correspondant probable
EIA 1	*Paracoccus*
EIA 2	*Staphylococcus*
EIA 3	*Bacillus sp.*
EIA 4	*Pasteurella*
EIT5	*Branhamella*
EIT 6	
EIT 7	*Micrococcus*
EIT 8	*Plesiomonas*

Quant aux bactéries isolées à partir de l'eau de gisement (Tableau XXVI de Annexe 9), elles sont au nombre de 5 (DG1, AG1, CG1, CG2 et CG3). Se sont des bactéries immobiles en forme de cocci isolés, en paire ou arrangés en chaînette. Le Gram est variable. La majorité des souches sont anaérobies facultatives et présentent une catalase positive, la chromogénèse est très variable. Nous avons constaté que la plupart des souches produisent une pigmentation rose, crème, blanche et jaune. Nous avons isolé deux souches cocci Gram (+) (DG1 et AG1).

Les deux souches bactériennes AG1 et DG1 sont des bactéries Gram positif, catalase positive, et de type respiratoire anaérobie facultatif et n'exigent pas de NaCl pour leur croissance. Elles peuvent être rattachées à la famille des *Micrococcaceae*.

De même, nous avons isolé trois souches bactériennes Gram négatif (CG1, CG2, CG3). Se sont des cocci isolés, en paire ou arrangés en chaînette et n'exigent pas de NaCl pour leur croissance. Les souches aérobies strictes et immobiles, peuvent appartenir à la famille des *Neisseriaceae* (Boone et Castenfholz, 1989).

Vreeland et Hochstein (1993) concluent que les bactéries halophiles constituent un large groupe de microganismes très diversifié. Les bactéries halotolérantes incluent des genres et des espèces très diversifiées. Ces auteurs ont décrit les cocci Gram positif : *Micrococcus halobius*, *Planococcus halophilus*, *Spororosarcina* halophila, *Marinococcus halophilus*, *M. albus* et *M. hispanicus*, *Pediococcus halophilus*, *Paracoccus halodenitrficans*, *Salinococcus roseus*. Aussi, des bacilles aérobies Gram positif et sporulants ont été cités comme faisant partie de la microflore des écosystèmes aquatiques salés.

Quant aux eaux prélevées aux niveaux des deux sebkhas, après enrichissement isolement et purification, nous avons remarqué dans les milieux liquides enrichis l'apparition de trouble de couleur rouge orangée, assez caractéristique de la croissance des bactéries halophiles strictes juste après 5 jours d'incubation. Il s'agit probablement du pigment caroténoïde produit par les Halobactéries, cette pigmentation est due à la bactériorubine qui caractérisant les membres de la famille des *Halobacteriaceae* (Kushner, 1998).

Nous avons isolé 5 souches bactériennes à partir des eaux de sebkha d'In Salah (A21, B21, C21, D21 et E21). Elles sont cultivées sur milieu SH. Les résultats de l'étude de certains des caractères culturaux et biochimiques préliminaires de ces souches halophiles sont résumés dans le Tableau XXVII (Annexe 9). Les observations microscopiques ont permis de mettre en évidence la présence de cellules en forme de bâtonnet, cocci ou pléomorphiques avec différents arrangements: paires, amas et diplocoques. Les cellules sont mobiles et le Gram est souvent négatif.

Nous avons étudié d'une manière qualitative les possibilités de croissance des ces isolats en présence de concentrations variables en NaCl. Les résultats de cette étude sont donnés dans le Tableau XXVIII (Annexe 9). Les résultats obtenus montrent bien, qu'il s'agit de souches bactériennes extrêmement halophiles et strictes. En effet, leur croissance est optimale à des concentrations de NaCl allant de 15 et 30% (p/v). Nous avons aussi étudié l'effet de la concentration des ions Mg^{2+} sur la croissance de ces mêmes isolats, l'étude a été réalisée en milieu solide SG à 40°C. Les résultats obtenus sont donnés dans le Tableau XXIX (Annexe 9) et ont montré que la croissance des souches bactériennes halophiles isolées de la sebkha d'In Salah ont un optimum de croissance se situant entre 20 et 50 mM d'ions Mg^{2+}.

La souche bactérienne B21 est une bactérie en forme bâtonnet, Gram positif, sporulant est très halotolérante et se développe en absence de NaCl, elle ne semble pas appartenir aux *Halobacteriaceae* malgré sa tolérance au sel, elle peut appartenir aux à la famille des *Bacillaceae* qui renferme des espèces halophiles.

D'autre part, l'eau prélevée de la sebkha de Beni Maouche a permit l'obtention de 32 souches bactériennes (Tableau XII) à partir de différents milieux de culture. Les conditions expérimentales (teneur du milieu en NaCl, ions Mg^{2+} et pH) constituent des facteurs sélectifs importants qui nous ont permis de caractériser la population halophile de cette eau. Il s'agit de bactéries qui se développent à des concentrations de NaCl allant de 20 à 30 % (p/v).

La concentration en ions Mg^{2+} dans le milieu constitue un facteur de classification très déterminant qui nous a permis d'estimer deux groupes d'Halobactéries neutrophiles et alcalophiles. On note que la majorité des souches ont été isolées des milieux à pH neutre SG (16 souches), SG modifié (pH7) (8 souches), milieu EDER (1 souche) et milieu SH (1 souche) alors que, les autres sont apparues assez tardivement sur le milieu SG à pH 12 (BMA2, BMA4 et BMB9, BMA2, BMA4 et BMB9), il pourrait s'agir de souches alcalophiles ou de souches neutrophiles à tendance alcalophiles.

La chromogénèse chez ces souches est très variable. Nous avons constaté que l'ensemble des souches présentaient une pigmentation rose, orangée, rouge orangée ou rouge. L'observation au microscope a permis de révéler des cellules en forme de bâtonnet, cocci, et disque avec différent arrangement, nous avons distingué des tétrades, des chaînettes, et des diplocoques. Le pléomorphisme est la caractéristique majeure de la plupart des souches isolées. Les cellules sont pour la plupart mobiles, le Gram est soit positif ou négatif selon les isolats, la majorité des souches bactériennes sont anaérobies facultatives et présentent une oxydase et catalase positives (Tableaux XXX et XXXIII) (Annexe10)

Nous avons aussi étudié l'effet de la concentration du NaCl et des ions Mg^{2+} uniquement sur la croissance des souches pigmentées en rose, rouge orange et brun, le nombre global de ces souches est de 20 isolats pigmentés. Les résultats obtenus sont donnés dans les Tableaux XXXI et XXXII (Annexe 10). Il s'agit de souches extrêmement halophiles. En effet, leur croissance est optimale à des concentrations en sel (NaCl) allant de 20 et 30% (p/v). La croissance des souches neutrophiles est optimale pour des concentrations importantes en ions Mg^{2+}, contrairement aux souches alcalophiles (BMA2, BMA4 et BMB9) qui arrivent à se développer sur un milieu exempt ou ayant de très faible concentration en ions Mg^{2+}. Au vu toutes les caractéristiques citées dessus, on pourra avancer que ces isolats peuvent appartenir à la famille des *Halobacteriaceae*.

I.2.2 Identification des souches halophiles strictes

Pour la suite du travail, nous avons procédé à l'identification approfondie de quatre souches halophiles strictes et extrêmes, le choix de ces souches n'a pas été fortuit. Il s'agit de souches fortement halophiles: les souches halophiles A21 et C21, D21 et E21 isolées toutes de l'eau prélevé de la sebkha d'In Salah, elles sont caractérisées par leurs aptitudes à produire un pigment caroténoïde très caractéristiques des Halobactéries et leurs capacités à produire des biosurfactants et développer des émulsions stables, cette capacité à produire ces polymères sera développée dans la prochaine partie.

Tableau XII: Répartition des isolats obtenus à partir de la sebkha de Beni Maouche

Milieu	Milieu SG	Milieu SG modifié [MgSO$_4$] mM						Milieu EDER	Milieu SH
		pH 7				pH 12			
		1	10	50	300	0	10		
I S O L A T S	BMC 11	-	-	-	BMA1	BM A2	BM A3	-	-
	BMC 12	-	BMB6	BMB7	BMB8	BM	BM	-	BMB11
	BMC 13	-	BMC27	-	-	BM A4	BM A5	-	.
	BMC 14		BMC28			BM	BM		
	BMC 15	-	-	BMC30	-	B9	B10	BMC32	.
	BMC 16					-	-		
	BMC 17	-	-	BMC3	-				
	BMC 18	-	-	1	-	-	-		
	BMC 19			-					
	BMC 20			-		-	-		
	BMC 21					-	-		
	BMC 22								
	BMC 23								
	BMC 24								
	BMC 25								
	BMC 26								
Total des isolats 32	16	0	3	3	2	3	3	1	1

I.2.2.1 Etude des caractères culturaux

Après une incubation en milieux liquides des isolats A21 et C21, D21 et E21 isolées de la sebkha d'In Salah (à 40° C et sous agitation), nous avons remarqué que la couleur des milieux de culture a viré vers le rose rouge orangée pour toutes les souches étudiées (Figure 13). Sur milieu SH solide, les colonies obtenues sont de couleur rose orange et rose rouge (Figure 14). Toutes les cellules ont une forme cocci Gram négatif (Figures 15, 16) à l'exception de la souche E21, elle présente des cellules pléomorphiques.

Figure 13 : Aspect des cultures A21 et D21 après 14 jours d'incubation à 40° C, Culture centrifugée.

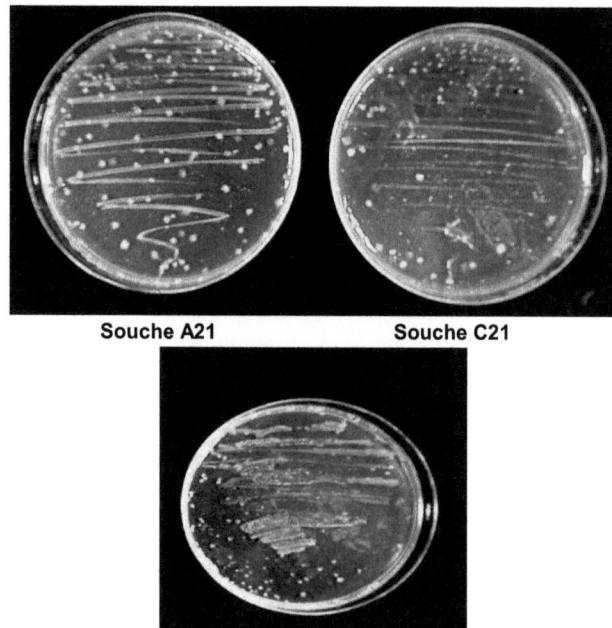

Souche A21　　　　Souche C21

Souche D21

Figure 14 : Aspect macroscopique des souches bactériennes A21, C21 et D21 sur milieu SH solide après 14 jours d'incubation à 40°C.

Oren et *al*., (1999) ont isolé des souches bactériennes halophiles extrêmes du genre *Haloarcula sp quadrata* à partir de bassins d'eau saline dans le Sinai d'Égypte présentant cette pigmentation. Des pigmentations semblables ont été obtenues par Arhal et *al*. (1996) qui ont isolé 22 souches bactériennes à partir de la mer morte présentant cette chromogénèse de type rose rouge. La coloration rose des colonies est une coloration caractéristique des bactéries halophiles strictes caractérisant les membres de la famille des *Halobacteriaceae*, le séquençage moléculaire d'ARN 16S de ces isolats a montré qu'il s'agit des genres *Haloferax, Halobacterium* et *Haloarcula*.

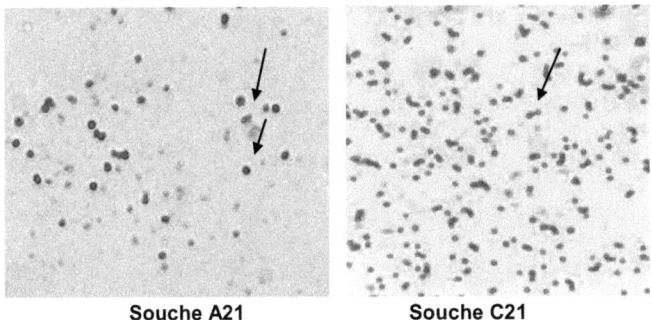

Souche A21   Souche C21

Figure 15 : Aspect microscopique des bactéries A21 et C21 observées à G x 1000 après coloration de Gram modifiée.

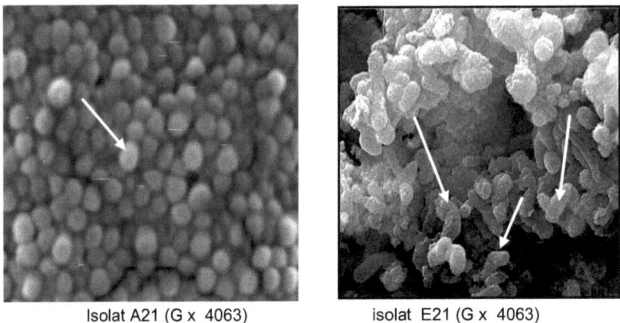

Isolat A21 (G x 4063)   isolat E21 (G x 4063)

Figure 16 : Aspect microscopique des souches A21 (forme cocci) et E21 (forme pléomorphique) observées au microscope électronique à balayage

Une autre *Archaea* halophile extrême, *Halorubrum ezzemoulense*, a été isolée à partir d'une sebkha en nord-est d'Algérie par Kharoub et *al*. (2006) et présente une pigmentation rose rouge des colonies, une forme pléomorphiques (bacilles irréguliers, cocci et triangles), mobile et un Gram négatif. *Halococcus salifodinae* a été identifiée à partir des roches salées en Australie par Stan-Lotter et *al.* (1999). C'est une archaebactérie halophile extrême pigmentée en rose sur milieu de culture solide, de forme cocci, Gram négatif et immobile.

I.2.2.2 Lipides membranaires

Nous avons tenté d'étudier les lipides membranaires, en utilisant la chromatographie unidimensionnelle sur couche mince. L'analyse a été effectuée uniquement pour la souche bactérienne D21 dont les résultats sont établis dans la Figure 17, le profil chromatographique sur couche mince obtenue après migration et révélation a permis la révélation de trois taches correspondant probablement au phosphatidylglycérol (PG), phosphatidylglycérol phosphate méthyle ester (PGP-Me) et au triglycosyl diéther (TGD).

L'analyse des lipides membranaires est un critère très important pour l'identification des *Archaea* halophiles extrêmes. La diversité structurale des lipides membranaires chez les *Halobacteriaceae* est confirmée par plusieurs recherches. Selon la littérature, le Rf calculé pour la souche D21 est le même trouvé chez *Haloarcula vallismortis* identifié comme un triglycosyl diéther et chez *Haloarcula marismortui* identifié comme un phosphoglycérol sulfate.

Hezayen et *al.* (2002) ont montré que l'analyse des lipides polaires d'*Halobiforma haloterrestris* a révélé la présence de triglycérides diéther sulfate et le diéther triglycosyl dans leur membrane cellulaire. D'autre part, l'analyse des lipides polaires par chromatographie sur couche mince d'*Halobaculum gomorense* a révélé la présence de glycérol diéther analogue de phosphatidylglycérol, de phosphatidylglycérophosphate et d'un seul glycolipide (Oren et *al.*, 1995).

I.2.2.3 Etude de la lyse cellulaire

L'observation microscopique des différentes souches bactériennes avant et après la lyse cellulaire, nous a permis de constater que la forme des cellules initialement de forme cocci a changé et on retrouve alors les formes bâtonnets, étoilées, et coccobacilles. Les cellules deviennent immobiles et la plus part d'entre elles éclatent. Par contre, dans de l'eau salée à 20% de NaCl, les cellules gardent leurs formes et leur mobilité. L'analyse quantitative, nous a permis de calculer l'indice de clarification de la lyse cellulaire suite à un choc osmotique des souches. Les résultats obtenus montrent bien que l'eau provoque la lyse des cellules par la diminution de leur densité optique. Ce résultat est typique des Halobactéries. Après 24 heures, le taux de la lyse atteint son maximum et cette variation est expliquée par la diminution importante des cellules mises dans de l'eau par rapport à celles qui baignent dans l'eau salée.

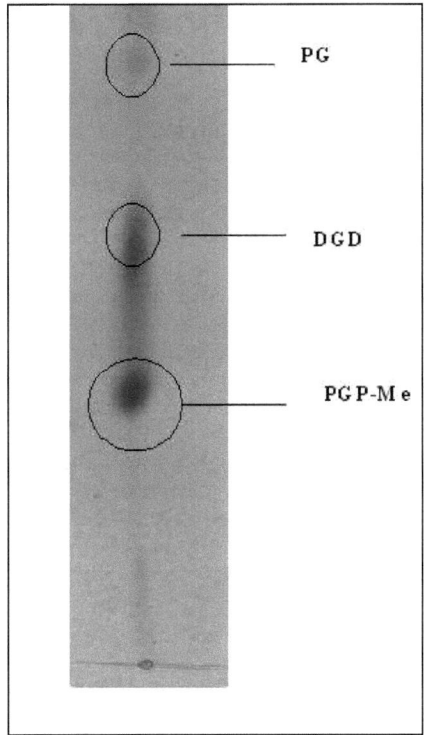

Figure 17 : Chromatographie sur couche mince des lipides polaires extraits à partir de la souche halophile D21 traité par le système de solvant chloroforme-méthanol-acide acétique-eau (85:22,5:10 :4 v/v) sur gel de silice Merck 60 F254

Abréviations: PG, phosphatidylglycérol; PGP-Me, phosphatidylglycérol phosphate méthyle ester; TGD-2, triglycosyl diéther.

    Les bactéries halophiles synthétisent des protéines qui concentrent près de 10 % de leur poids en sel près de la surface de la molécule, ce qui permet d'y piéger les molécules d'eau nécessaires au maintien de leur configuration spatiale et à leur solubilité dans l'eau. La surface de ces protéines est en quelque sorte recouverte d'une pellicule formée de sels et d'eau qui les stabilise et, si la concentration en sel devient insuffisante, elles se dénaturent (Panagiotis et al., 2007).

    Chez les bactéries halophiles extrêmes, c'est donc les protéines elles-mêmes qui sont halophiles et elles ne peuvent pas fonctionner en l'absence d'une concentration élevée en sel. La détermination de la séquence de plusieurs de ces protéines et la prévision de leur structure tridimensionnelle par le calcul a montré qu'elles diffèrent de leurs homologues non halophiles par une grande abondance d'acides aminés acides (acides glutamique et aspartique) situés en surface, donnée confirmée par les résultats du séquençage du génome de *Halobacterium* et par l'établissement de la structure tertiaire de quelques protéines halophiles par cristallographie (Panagiotis et *al.*, 2007).

Selon le même auteur, il a démontré aussi que les halophiles extrêmes accumulent des quantités importantes de potassium pour rester hypertoniques par rapport à l'environnement. La concentration interne du potassium peut atteindre 4 à 7M. Les enzymes, ribosomes et protéines de transport de ces bactéries exigent des concentrations élevées de potassium pour leur stabilité et leur activité.

La membrane plasmique et la paroi cellulaire du genre *Halobacterium* sont stabilisées par des concentrations élevées d'ions sodium. Si la concentration en sodium diminue fortement, la paroi et la membrane plasmique se désintègrent. *Halobacterium salinarum* a un besoin absolu d'une concentration élevée en sel, en particulier pour maintenir la structure de sa membrane et de ses protéines et ne peut se multiplier si la concentration en sel est inférieure à 2,5 mol.l^{-1} (Panagiotis et *a.l*,(2007).

La mortalité des cellules est expliquée par l'exigence des cellules au NaCl pour leur maintien et leur croissance. Oren *al.* (2002) ont pu démontrer qu'en diminuant la concentration du NaCl dans le milieu de culture, les cellules de *Halomicrobium mukohataei* changent leur forme bacillaire en forme sphérique.

Par ailleurs, ces mêmes auteurs ont démontré qu'au dessous d'une concentration de 15% de NaCl, *Haloarcula quadrata* ne présentait aucune croissance. Le même résultat a été démontré avec *les Archaea* halophiles *Halococcus salifodinae* (Stan-Lotter et *al.*, 1999), *Haloarcula argentinensis* (Ihara et *al.*, 1997) et *Haloferax alexandrinus* (Asker et Ohta, 2002).

En conclusion, les résultats de cette étude nous ont montré que la morphologie des cellules des souches A21, C21, D21 et E21 est sensible à l'absence de concentrations importantes de NaCl. Ces dernières sont lysées en présence d'eau diluée.

I.2.2.4 Analyse du pigment cellulaire

La pigmentation rose orange et rose rouge des souches bactériennes A21, D21, C21 et E21, est due à la présence de la bactériorubrine qui est un composé caroténoïde qu'elles utilisent probablement comme protection contre la lumière forte de soleil (Kushner, 1998). Les résultats de l'analyse du pigment cellulaire sont représentés dans le Tableau suivant :

Tableau XIII : Spectre d'absorbance des pigments des souches bactériennes dans l'Ultraviolet et le Visible

Souche halophile	Pics d'absorption (nm) des pigments
A21	699.0 673.0 528.0 496.0
D21	526.5
E21	526.2
C21	528.1

Dans cette étude, nous avons trouvé que les pigments des souches bactériennes testées ont des spectres d'absorption relativement semblables. Les pigments de la souche bactérienne A21 absorbe à des longueurs d'ondes proche du visible (673.0 nm, 699.0 nm, 528.0 nm, 496.0 nm), alors que les autres souches présentent des pigments qui absorbent à des longueurs d'onde proches de 526 nm, ces pigments correspondent relativement à la bactériorubrine, le carotène et leurs isomères.

D'après Hezayen et al. (2002) *Halobiforma haloterrestris* présente des maxima d'absorption à 370, 390, 494 et à 528 qui correspondent aux maxima d'absorption de la bactériorubrine, une des caractéristiques majeurs des *Archaea* halophiles extrêmes (Gochnauer et al., 1972 ; Grant et al., 2001).

D'autres part, le spectre d'absorption de la bactériorubrine d'*Halobacterum gomoense* présente des pics à 494 et 528nm (Oren et al., 1995).

Par ailleurs, l'analyse de la composition de caroténoïde d'*Haloferax alexandrinus* a montré la présence du β-carotène absorbant à 481nm, le γ-carotène à 496nm, lycopène à 505nm, 3-hydroxyechinenone à 477nm, canthaxantine à 481nm, cis-astaxanthine à 480nm, Trisanhydro-bactériorubrine à 522nm, monoanhydro-bactériorubrine à 491nm, bactériorubrine isomère à 525,5 nm et la bactériorubrine à 526,5nm (Asker et al., 2001).

I.2.2.5 Etude biochimique et physiologique

L'influence de la température sur la croissance des 4 souches bactériennes isolées de la sebkha d'In Salah a été déterminé par le suivit de la cinétique de croissance sur milieu SH liquide. La Figure 18 illustre et montre les optima de température pour les différentes souches. On peut constater que les souches bactériennes A21 et D21 possèdent une faible croissance à 4°C, 25°C, 30°C et 50°C, par contre, nous remarquons qu'il y a croissance cellulaire importante à 35°C et à 40°C mais l'optimum de croissance se situe à 40°C. Les souches bactériennes E21 et C21 présentent une bonne croissance à 40°C mais l'optimum de croissance es observé à 35°C.

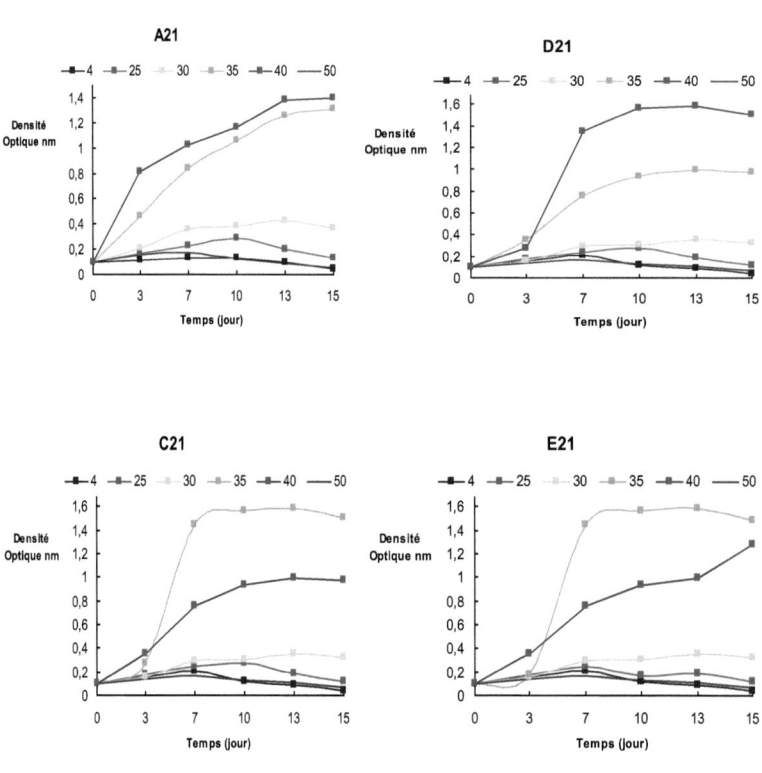

Figure 18 : Influence de la température sur la cinétique de croissance des souches bactériennes A21, D21, C21 et E21, croissance obtenue sur milieu SH à pH7.

Quant à l'influence du pH sur la cinétique de croissance de ces méme souches, elle est représentée dans la Figure 19. La cinétique de croissance des souches bactériennes été suivit durant environ deux semaines, nous avons remarqué que l'optimum de croissance est observé dans un intervalle de pH entre 7 et 9 pour les souches bactériennes A21 et D21 avec des optima respectives de croissance égale à pH 7. Cependant, les souches bactériennes C21 et E21 présentent des intervalles de pH compris entre 5 et 9, avec un optimum de croissance égale à pH 8. Aucune croissance n'a été observée à des pH supérieurs à pH 10.

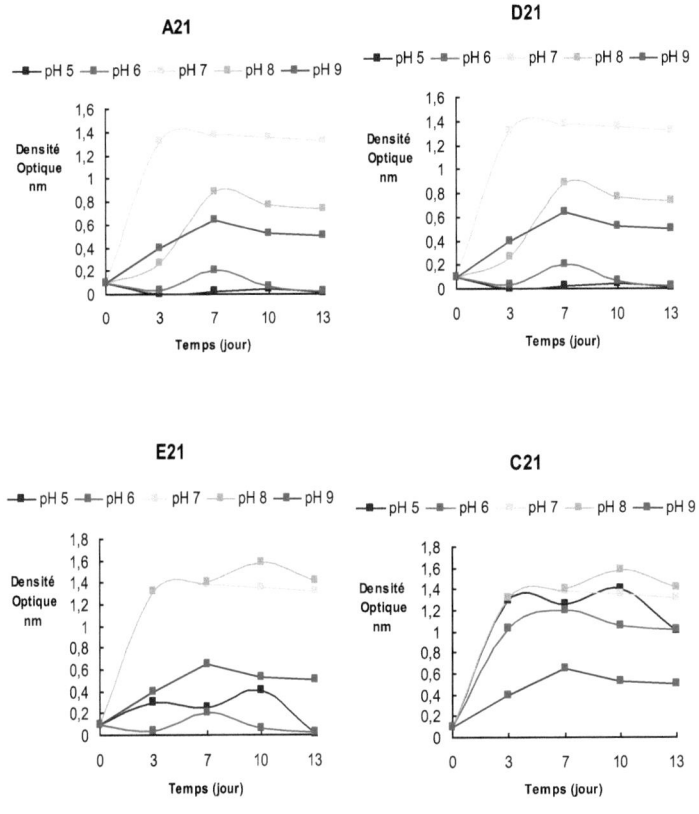

Figure 19 : Influence du pH sur la cinétique de croissance des souches bactériennes A21, D21, C21 et E21, croissance obtenue sur milieu SH à 40°C.

Selon Kiss Pappo et Oren (2000), les membres de la famille des *Halobacteriaceae* présente une température optimale de croissance entre 40 et 45°C, et ils sont subdivisés en deux classes :

- Les Haloneutrophiles : ont un pH de croissance allant de 5 à 8, regroupant les genres: *Halobacterium, Haloarcula, Haloferax, Halococcus, Halorubrum, Haloterrgena, Natrinema, Halogeometricum, Natronorubrum.*
- Les Haloalcalophiles : ont un pH de croissance basique entre 8.5 et 11.5, regroupant, les genres : *Natronococcus, Natrialba, Natronobacterium, Halobacterium, Natromonas.*

Quant à la détermination précise des optima de la salinité, les résultats obtenus dans cette étude sont représentés dans la Figure 20.

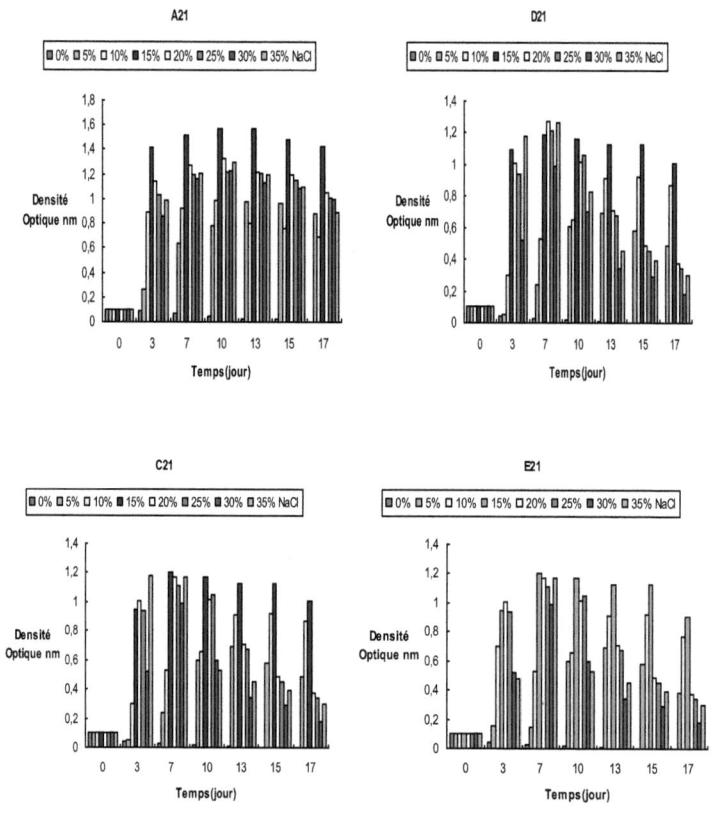

Figure 20 : Croissance des souches bactériennes A21, D21, C21 et E21 sur milieu SH à différentes concentrations de NaCl (à 40°C, pH7).

D'après les résultats obtenus, nous avons remarqué que les 4 souches bactériennes testées ne montrent aucune croissance à 0% de NaCl mais des croissances relativement faibles en présence de 5% et 10% de NaCl. Nous avons remarqué également que les 4 souches bactériennes marquent un optimum de croissance à une concentration de 15% du NaCl. A des concentrations de 30% et de 35% NaCl dans le milieu, nous avons observé une croissance moyenne, ceci nous amène à dire que ces souches bactériennes peuvent tolérer une concentration de salinité atteignant la saturation.

Selon la figure 21, L'influence des ions Mg^{++} sur la croissance des isolats halophile strictes, nous a permit de constater que les souches bactériennes A21 et D21 marquent une très faible croissance en présence des ions Mg^{++} (0,01 jusqu'à 0.08), elles exigent par contre, des concentrations plus élevées puisque les optima de croissance sont marqués à 0.8M de Mg^{++} pour la souche A21. Par contre, la souche bactérienne D21, présente une croissance importante à des concentrations des ions Mg^{++} égale à 0.5M. Par ailleurs, les souches E21 et C21, n'ont pas montré d'exigence pour les ions Mg^{2+}, la présence de ces derniers freinait leur croissance.

L'exigence aux ions Mg^{2+} a été montrée par Oren et al., (1995) qui ont déterminé que la croissance de certaines Halobactéries exige la présence de ces ions dans le milieu de culture, c'est le cas de *Halobacterium sodomense* qui exige des concentrations élevées en ions Mg^{++} (Javor,1984). Kawakami et al. (2007) ont démontré que des concentrations inférieures à 0,02M en Mg^{++} permettent l'agrégation des cellules d'*Halobacterium salinarum*. D'après Panagiotis et al. (2007), les membranes d'*Halobactrerium salinarum* sont dépourvues de paroi mais enveloppées par une pellicule extramembranaire formée uniquement de glycoprotéines reliées par des ions Mg^{2+} qui permet donc le maintien de la forme bacillaire des cellules. *Halobaculum gomorense* exige une concentration comprise entre 0,6 et 1,0M de $MgCl_2$ (Oren et al., 1995). Alors que *Haloarcula quadrata* perd sa forme carrée ou pléomorphe à des concentrations inférieures à 0,04M en ions Mg^{++}, en présence de 0,1M de $MgCl_2$, sa forme native est maintenue (Oren et al., 1999). Par ailleurs, *Natrialba asiatica* n'exige aucune présence d'ions $Mg2+$ (Hezayen et al., 2001; Oren, 2009).

Par ailleurs, l'étude de certains caractères biochimiques nous ont montré que les souches bactériennes A21, D21, C21 et E21 ont toutes une uréase négative et indole positif, la citratase et la β galactosidase sont présentes, la production d'H_2S n'a pas été observé. Par contre elles sont productrices de gaz en fermentant le glucose. Ces souches sont RM^+ et VP^-: ce qui indique, qu'elles réalisent une fermentation d'acides mixtes qui provoque l'acidification du milieu et l'abaissement du pH et non pas la fermentation butylène glycolique. Ces souches bactériennes possèdent la nitrate réductase responsable de la réduction des nitrates jusqu'au stade gazeux; elles peuvent donc croître en anaérobiose sur un milieu contenant les nitrates comme source d'énergie. En ce qui concerne la dégradation des acides aminés, les souches A21, C21 et E21 possèdent une arginine dihydrolase positive par contre la souche D21 possède une lysine décarboxylase.

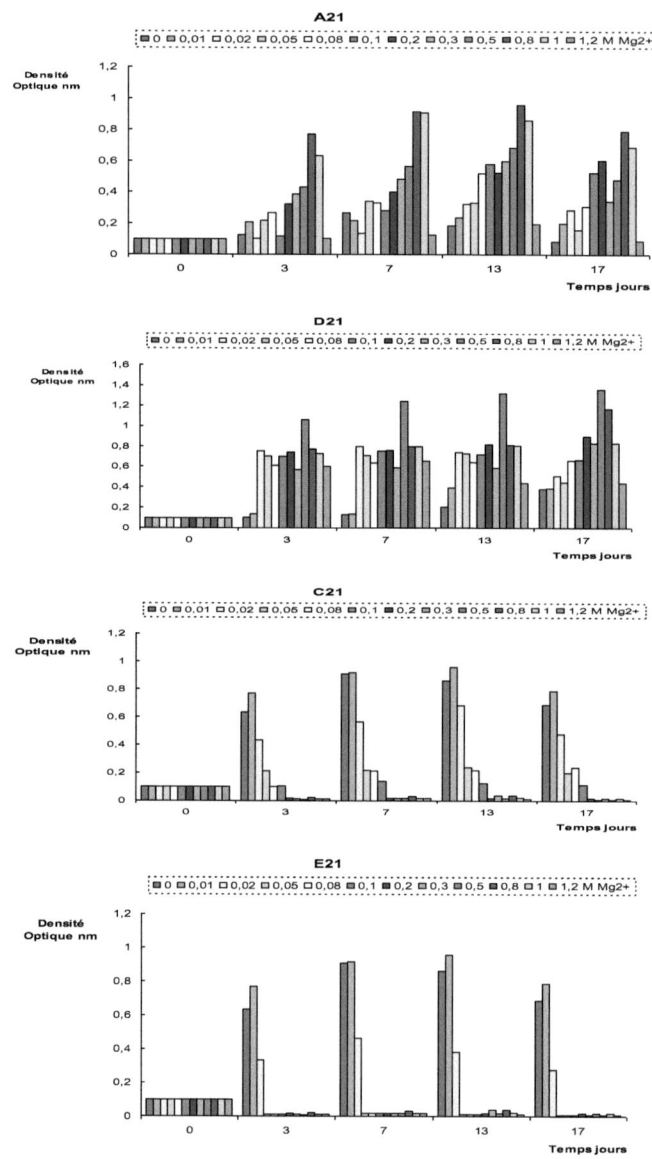

Figure 21 : Croissance des souches bactériennes A21, D21, C21 et E21 sur milieu SH à différentes concentrations d'ions Mg^{++} (à 40°C, pH7)

Concernant l'utilisation des différents composés organiques, nous avons remarqué que ces bactéries dégradent un nombre important de sucres, que ce soit monosaccharide (glucose, mannose, arabinose, galactose, xylose, fructose), disaccharides (saccharose, lactose, cellobiose, maltose) ou polysaccharide (raffinose, salicine, amidon). Nous avons onstaté que, l'amidon est le sucre est rapidement dégradé par toutes les souches, suivit du cellobiose, le mannose, le xylose, le galactose, l'arabinose puis le lactose (souche A21 et E21) puis du saccharose, le cellobiose, le mannose, le galactose et le glucose (souche D21et C21). Par contre les pentoses (arabinose et xylose) sont faiblement dégradés par la totalité des souches. Il faut noter aussi que l'utilisation de tous ces sucres est accompagnée d'une baisse de pH, il s'agit d'un critère essentiel dans la classification des Halobacteriaceae Oren et al., (1997).

Halomicrobium mukohaaei produit des acides organique en dégradant le glucose, le galactose, le mannose, le ribose, le sucrose et le maltose (Javor, 1984 ; Oren et al., 2002). *Haloferax alexandrinus* produit des acides organiques à partir du fructose, glucose, rhamnose, maltose, L-arabinose, D-xylose, ribose, sucre. Par contre le lactose, galactose, mannose, et l'amidon ne sont pas dégradés par cette souche halophile (Asker et Ohta, 2002).

Cette étude a montré aussi que l'alcool le mieux consommé par la souche bactérienne A21 est l'adonitol, alors que pour la souche bactérienne D21 c'est le mannitol, le sorbitol pour les souches C21 et E21. Le glycérol est l'alcool le moins dégradé par les deux souches bactériennes A21 et D21, alors qu'il est moins chez les deux autres (Figure 22). Plusieurs *Archaea* halophiles dégradent un certain nombre d'alcool avec ou sans production d'acides organiques. *Halobiforma haloterrestris* dégrade le glycérol sans production d'acides organiques (Hezayen et al., 2002). Tandis que *Halobaculum gomorense* produit des acides organiques aussi à partir de ce dernier (Oren et al., 1995). En outre, la croissance de *Haloarcula quadrata* est stimulée par le glycérol, le sorbitol et le mannitol mais sans production d'acides organiques (Oren et al., 1999).

Nous avons constaté que les bactéries halophiles étudiées consomment faiblement l'acide citrique et l'acide acétique mais dans le cas de l'acide oxalique elles ont montré un maximum de croissance (Figure 23). En plus du citrate, acétate et oxalate, les halophiles strictes peuvent utiliser d'autres acides organiques comme source de carbone pour leur croissance. *Halobiforma haloterrestris* peut dégrader le pyruvate et le l'acide n-butyrique (Hezayen et al., 2002) et la croissance de *Halorubrum ezzemoulense* peut être stimulée par la présence du malonate, fumarate, et du formate (Kharoub et al., 2006).

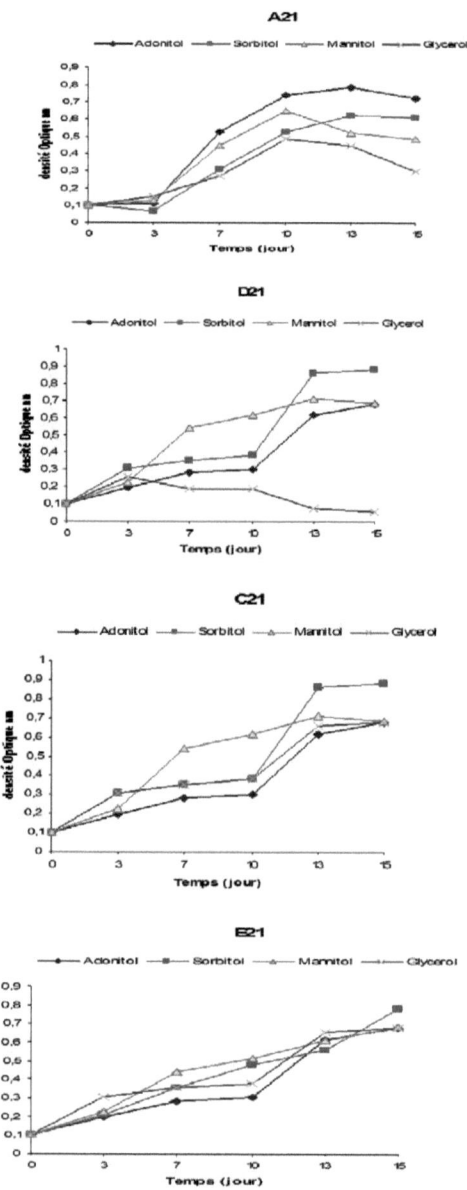

Figure 22 : Cinétique de croissance des souches bactériennes A21, D21, C21 et E21, milieu SH liquide additionné de différents alcools (à 40°C, pH7).

Nous avons mis en évidence l'activité de certaines enzymes: amylase, gélatinase et estérase chez les souches A21, D21, C21 et E21, nous avons constaté qu'elles possèdaient ces enzymes à l'exception de la gélatinase qui n'est pas exprimée par la souche E21.

D'après le *Bergy's Manual of Systematic Bacteriology* (1989) et Grant et *al*.(2001) la dégradation de l'amidon et de la gélatine a été déjà signalé chez les *Halobacteriaceae*. *Halomicrobium mukohataei* peut hydrolyser l'amidon mais la gélatine, la caséine et le tween 80 ne sont pas hydrolysés (Oren et *al*., 2002), *Halobiforma haloterrestris* hydrolyse la caséine, la gélatine, tween 20, 40 et 80 mais elle n'hydrolyse pas l'amidon (Hezayen et *al*., 2002) et *Halorubrum ezzemoulense* n'hydrolyse pas l'amidon, l'esculine, la gélatine et le tween 80 (Kharoub et *al*., 2006).

Comme la composition biochimique de la paroi des *Archaea* est très différente de celle des autres êtres vivants, on peut s'attendre à ce que la sensibilité aux antibiotiques soit très différente. Les résultats d'antibiogramme obtenus sont représentés dans l'annexe 11. D'après ces résultats, les souches bactériennes testées sont résistantes presque à la majorité des antibiotiques testés, sauf au furane.

Les souches bactériennes testées ne sont pas sensibles à la pénicilline G, ampicilline, amoxicilline, acide calavulamique, oxacilline, cefotaxime, cefalexine, céfixime et fosfomycine qui inhibent la synthèse de la paroi cellulaire. De même, l'ARN polymérase ADN dépendante des *Archaea* est insensible à la rifampicine qui inhibe l'enzyme bactérienne à de très faibles concentrations.

Cette résistance est observée chez toutes les souches bactériennes testées envers cet antibiotique concentré à 30 µg. D'autre part, elles sont résistantes vis à vis les antibiotiques qui inhibent la synthèse des protéines, on observe aussi une sensibilité importante au furane qui agit en perturbant la réplication de l'ADN. Les souches bactériennes E21 et C21 sont sensibles à l'acide nalidixique (30µg), chloramphénicol (30 µg).

La sélectivité de ces antibiotiques est très utile, en les utilisant comme additifs, pour éviter la croissance de bactéries contaminantes dans la culture d'*Archaea*. De la même façon, l'ARN polymérase ADN dépendante des *Archaea* est insensible à l'inhibition par la rifampicine qui inhibe l'enzyme bactérienne à de très faibles concentrations. La synthèse protéique des *Archaea*, elle non plus, n'est pas affectée par les antibiotiques usuels, chloramphénicol, cycloheximide et streptomycine sauf la néomycine qui est inhibitrice à concentration élevée. La tétracycline est aussi un inhibiteur peu efficace bien qu'elle inhibe la synthèse protéique des *Bacteria* et des eucaryotes (Oren et *al*., 1997).

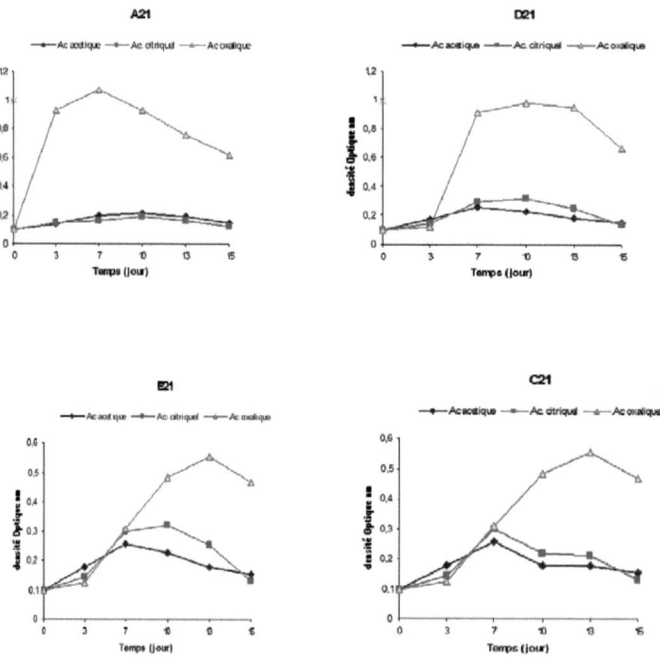

Figure 23 : Cinétique de croissance de souches bactériennes obtenues sur milieu SH modifié additionné de différents acides organiques à 40°C pendant 15 jours d'incubation.

I.2.2.6 Analyse phylogénétique et alignement

La position phylogénétique globale des 4 souches halophiles A21, D21, C21 et E21 a été réalisé au début de l'année 2005 par André-Denis Girard Wright (CSIRO Australie) (Annexes 12, 13, 14, 15) (Figure 24). D'après cette figue, les trois souches A21, C21, D21 et E21 sont des Archaea. Les souches C21 et E21 sont très proches du genre Natrialba et plus exactement de Natrialba aegyptiaca. La souche A21 est une Archaea proche du genre Natronococcus. La souche bactérienne D21 appartient au genre Haloarcula dont l'espèce reste inconnue.

Souche C21 (855 nucléotides)

```
CTAGTCGCACGAGTTCAGACTCGTGGCAGATAGCTCAGTA ACACGTGG
CCAAACTACCCTATAGATCCGGCCAACCTCGG GAAACTGAGGCTAATC
CGGAATAACGCTTTCAGCCTGGAG TGGCGAGAGCGTGAAACGCTCCG
GCGCTATAGGATGTGGCTGCGGCCGATTAGGTAGACGGTGGGGTAAC
GGCCCACCGTGCCAGTAATCGGTACGGGTT GTGAGAGCAAGAGCCCG
GAGACGGTATCTGAGACAAGATACCGGGCCCTACGGGGCGCAGCAGG
CGCGAAACCTTTACACTGCACGCGAGTGCGATAAGGGGACTCCAGGTG
CGAGGGCATATAGTCCTCGCTTTTCTCGACCGTAGGGAGGTCGAGGAA
CAAGTGCTGGGCAAGACCGG TGCCAGCCGCCGCGGTAATACCGGCAG
CACAAGTGATGACCGCTGTTATTGGGCCTAAAGCGTCCGTAGCTGGCC
AGACAAGTTCATCGGGAAATCTGTGCGCCTAACGCACAGGCGTCCGGT
GGAAACTGCCTGGCTTGGGACCGGAAGACCAGAGGGGTACGTCTGGG
GTAGGAGTGAAATCCCGTAATCCTGGACGGACCACCGGTGGCGAAAGC
GCCTCTGGAAGACGGATCCGACGGTGAGGGAC GAAAGCTCGGGTCAC
GAACCGGATTAGAT ACCCGGGTAGTCCGAGCTGTAAACGATGTCTGCT
AGGTGT ACACAGGCTACGAGCCTGTGTTGTGCCGTAGGGAAGCCGT G
AAGCAGACCGCCTGGGAAGTACGTCCGCAAGGATGAAAC TTAAAGGAA
TTGGCGGGGGAGCACTACAACCGGAGGAGCCTGCGGTTTAATTGGAT
```

Souche E21 (847 nucléotides)

```
CTAGTCGCACGAGTTCAGACTCGTGGCAGATAGCTCAGT AACACGTG
GCCAAACTACCCTATGGATCCGGCCAAACCTCG GGAAACTGAGGCTAAT
CCGGAATACCGCTTTCAGCCTGCA TGGCGAGAGCGTGAAACGCTCCG
GCGCTATAGGATGTGGC TGCGGCCGATTAGGTAGACGGTGGGGTAAC
GGCCCACCGTGCCAGTAATCGGTACGGGTTGTGAG AGCAAGAGCC CG
GA ACGGTATCTGAGACAAGATACCGGGCCCTACGGGGCGCAGCAGGC
GCGAAACCTTTACACTGCACGCGAGTGCGTAAGGGGACTCCAGGTGC
GAGGGCATATAGTCCTCGCTTT TCTCGACCGTAGGGAGGTCGAGGAAC
AAGTGCTGGGCAAGACCGGTGCCAGCCGCCGCGGTAATACCGGCAGC
ACAAGTG ATGACCGCTG TTATTGGGCCTAAAGCGTCC GGCCAGACAA
GTTCATCGGGAAATCTGTGCGCCTAACGCACAGGCGTCCGGTGGAAAC
TGCCTGGCTTGGGACC GGAAGACCAG AGGGGTACGTCTGGGTAGGA
GTGAAATCCCGTAATCCTGGACGGACCAC CGGTGGCGAAAGCGCCTC
TGGAAGACGGATCCGACGGTGA GGGACGAAAGCTCGGGTCACGAACC
GGATTAGATACCCGGGTAGTCCGAGCTGTAAACGATGTCTGCTAGGTG
TGACACAGGCTACGAGC CTGTGTTGTGCCGTAGGGAAGCCGTGAAGC
AGACCGCCTGGGAAGTACGTCCGCAGGATGAAACTTAAAGGAATTGGC
GGGGGAGCACTA CAACCGGAGGAGCCTGCGG TTTAATTGGAT
```

Une année plus tard, une étude bioinformatique plus détaillée a été réalisée par l'équipe du Pr. Penninckx de l'université Libre de Bruxelles uniquement sur les séquences des souches bactériennes A21 et D21. La position phylogénétique de ces souches est représentée sur la Figure 25; pour la première souche désignée A21, la séquence partielle de ARNr 16S été obtenue avec 400 nucléotides enregistré dans la GenBank sous le numéro AM982815) (EMBL Nucléotide Séquence Database). Les séquences sont comparées à l'ARNr 16S des autres Archaea halophiles. Nous avons observé que la souche A21 possède des similitudes d'apparenté très élevées 97% avec celles du genre *Halovivax* (Tableau XIV). Une similitude (sur la base d'une très petite séquence partielle), nous l'avons décrite espèce *Halovivax sp*. Le genre *Halovivax* a été décrit pour la première fois en 2006 par Castillo et *al.*, (2006), ce genre n'existait pas encore l'année d'avant.

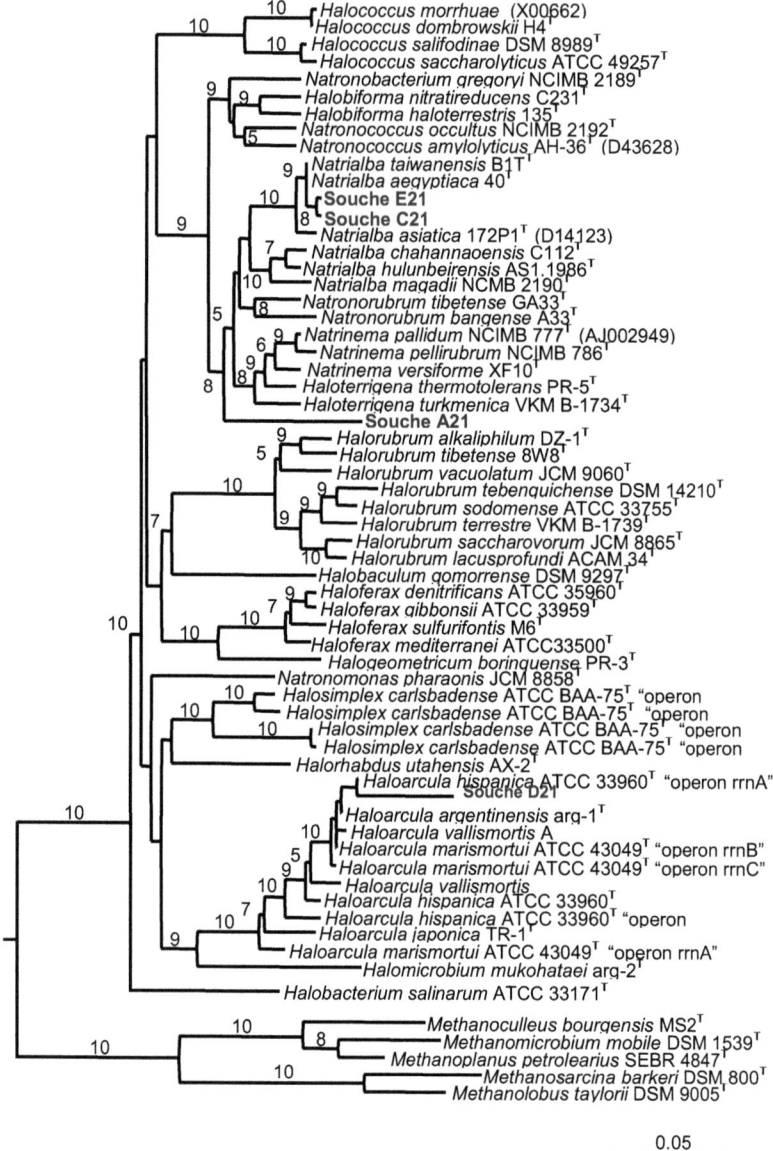

Figure 24 : Dendrogramme des souches halophiles A21, C21, E21 et D21 basée sur les séquences de l'ARNr 16S étudiées.

Souche A21 Séquence (497 nucléotides):

GCCCCCGGCGATGTCGTACGCCGTGCTGTCGCACGAGTTTAAGACTCGTGGCAGATAGCTCAGTAAC
ACGTGGCCAAACTACCCTGTCGATCGGGACACCCTCGGGAAACTGAGGCTAATCCCGGATACGGCT
CGCTGCCTGGAGTTGGCGCGAGCTCGAAACGTTCAGGCGCGACAGGATGTGGCTGCGGCCGATTAG
GTAGACGGTGGGGTAACGGCCCACCGTGCCGATAATCGGTACGGGTTGTGAAAGCAAGAGCCCGGA
GACGGAATCTGAGACAAGATTCCGGGCCCTACGGGGCGCAGCAGGCGCGAAACCTTTACACTGCAC
GCGAGTGCGATAGGGGGACTCCAAGTGCGAGGGCATACAGTCCTCGCTTTTCACCACCGTAAGGAG
GTGGTAGAATAAGTGCTGGGCAAGACCGGTGCCAGCCGCCGCGGTAATACCGGCAGCACGAGTGAT
GACCGCTATTATTGGGCCTAAAGCGTCCGTAGCC

Tableau XIV: Pourcentage de similitude de la séquence ARNr 16S de souche A21 avec quelques espèces du genre *Halovivax*

Espèce décrite A21	Pourcentage de similitude (%)
Halovivax ruber DSM 18193 [T]	98.6
Halovivax asiaticus CECT 7098 [T]	98.4
Natronococcus amylolyticus ATCC 51971 [T]	92.1
Natrinema versiforme JCM 10478 [T]	91.9
Natronococcus jeotgali DSM 18795 [T]	91.8
Natrialba aegyptica DSM 13077 [T]	91.6
Natrinema pellirubrum NCIMB 786 [T]	91.3
Natronococcus occultus NCIMB 2192 [T]	91.3

Concernant la souche bactérienne halophile D21, le séquençage de l'ARNr A6S a permis d'avoir une séquence partielle de 900 paires de bases enregistrées dans la GenBank sous le numéro AM982816.

Souche D21 Séquence (900 nucléotides):

CGGGTGGGTAGTGGGGGTCGATTTAGCCATGCTAGTTGCACGAGTTTAGACTCGTAGCATATAGCTCAGTAA
CACGTGGCCAAACTACCCTACAGACCGCAATAACCTCGGGAAACTGAGGCCAATAGCGGATATAACTCTCAG
GCTGGAGTGCCGAGAGTTAGAAACGTTCCGGCGCTGTAGGATGTGGCTGCGGCCGATTAGGTAGATGGTGGG
GTAACGGCCCACCATGCCGATAATCGGTACAGGTTGTGAGAGCAAGAGCCTGGAGACGGTATCTGAGACAAG
ATACCGGGCCCTACGGGGCGCAGCAGGCGCGAAACCTTTACACTGCACGACAGTGCGATAGGGGGACTCCGA
GTGTGAGGGCATATAGCCCTCGCTTTTCTGAACCGTAAGGTGGTTCAGGAACAAGGACTGGGCAAGACCGGT
GCCAGCCGCCGCGGTAATACCGGCAGTCCAAGTGATGGCCGATATTATTGGGCCTAAAGCGTCCGTAGCTTG
CTGTGTAAGTCCATTGGGAAATCGAACCAGCTCAACTGGTCGGCGTCCGGTGGAAACTACACAGCTTGGGGCC
GAGAGACTCAACGGGTACGTCCGGGGTAGGAGTGAAATCCTGTAATCCTGGACGGACCACCAATGGGGAAAC
CACGTTGAGAGACCGGACCCGACAGTGAGGGACGAAAGCCAGGGTCTCGAACCGGATTAGATACCCGGGTAG
TCCTGGCTGTAAACAATGCTCGCTAGGTATGTCACGCGCCATGAGCACGTGATGTGCCGTAGTGAAGACGAT
AAGCGAGCCGCCTGGGAAGTACGTCCGCAAGGATGAAACTTAAAGGAATTTGGCGGGGGAGCACCACAACCG
GAGGAGCCTGCGGTTTATTGGATCACACCGCCCGGG

Cette séquence a été comparée aux séquences d'ARNr 16S représentant des membres de la famille des Halobacteriaceae. Elle a montré une similitude de 97% pour les espèces décrites appartenant au genre *Haloarcula* (Tableau XV), il pourrait s'agir d'une nouvelle espèce appartenant à ce genre. On l'a décrit temporairement *Haloarcula sp.*

Tableau XV: Pourcentage de similitude de la séquence ARNr 16S de souche D21 avec quelques espèces du genre *Haloarcula*

Espèce décrite D21	Pourcentage de similitude (%)
Haloarcula hispanica rrnA ATCC 33960^T	98.9
Haloarcula argentinensis JCM 9737^T	98.8
Haloarcula quadrata rrnA ATCC 700850^T	98.8
Haloarcula marismortui rrnB ATCC 43049^T	98.6
"*Haloarcula sinaiiensis*" major gene ATCC 33800	98.6
Haloarcula vallismortis ATCC 29715^T	98.4
Haloarcula amylolytica rrnB JCM 13557^T	98.3
"*Haloarcula aidinensis*" B-2	98.3
Haloarcula amylolytica rrnC JCM 13557^T	98.1
Haloarcula vallismortis NBRC 14741^T	97.7

La lecture de ces matrices de distance nous a bien indiqué que la souche D21 pourrait appartenir à l'une de ces espèces. Des analyses doivent être effectuées pour une meilleure identification des espèces par le séquencençage complet de d'ARNr 16S ainsi que des opérations d'hybridation ADN:ADN entre les espèces.

En conclusion, nous avons décrit les souches halophiles A21, D21, C21 et E21 isolées de la sebkha d'In Salah comme étant des Archaea et font partie de la famille des *Halobacteriaceae*. La souche D21 correspond au genre *Haloarcula*, le séquençage partiel de l'ARN16S de la souche A21 nous a permis de l'affilier au genre *Halovivax*. Quant aux souches C21 et E12, elles pourraient appartenir au genre *Natrialba*. Ce sont probablement des espèces différentes entre elles. L'étude phénotypique et biochimique nous a déjà montré que les souches C21 et E21 ne sont pas identiques. L'ensemble des résultats obtenus pour les 4 souches est regroupé dans le tableau XVI. Il en ressort que si on observe beaucoup de similitudes entre elles sur les plans morphologiques, biochimiques et physiologiques. C'est l'étude des séquences de l'ARN 16S qui a été déterminante dans l'identification. Cette dernière même partielle a tout de même permit de reconnaître les genres. IL reste à affiner cette analyse en étudiant l'ensemble des nucléotides de l'ARN 16S pour l'identification de l'espèce et notamment pour les 2 souches C21 et E21.

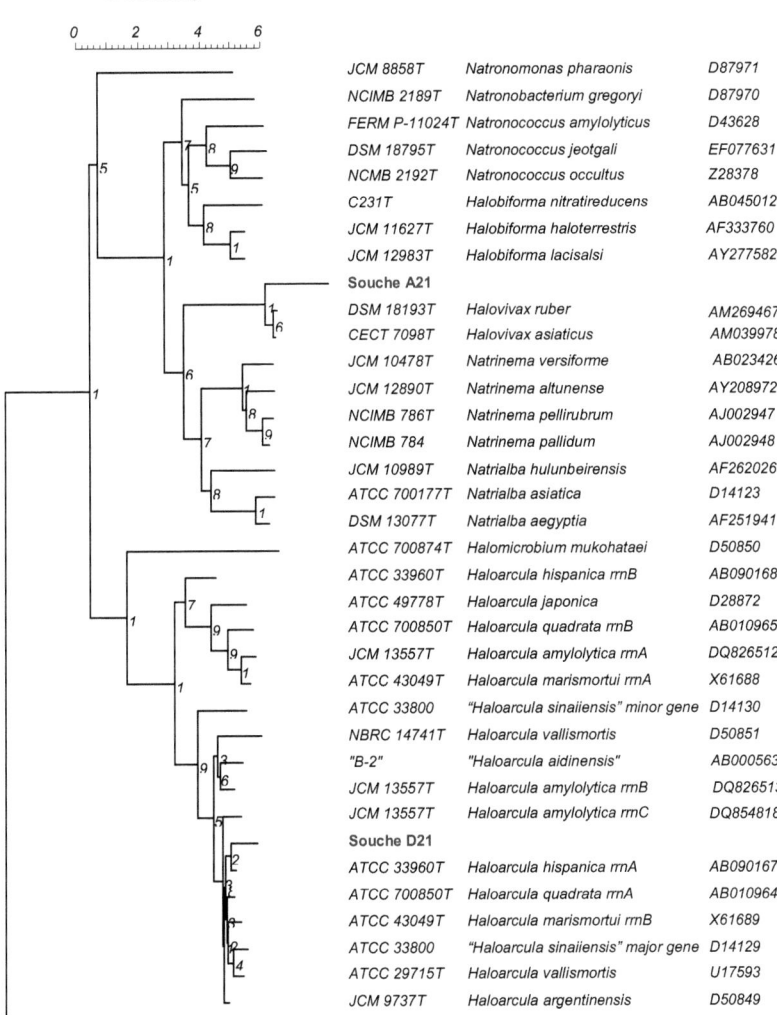

Figure 25 : Dendrogramme des souches halophiles A21 et D21 basée sur les séquences de l'ARNr 16S séquence indiquant la position des souches A21 et D21. L'arbre a été construit en utilisant la méthode d'assemblage de « neighbour joining method ». La séquence de données utilisées a été obtenue à partir de séquences collectées à partir de la banque des séquences nucléotidiques EMBL, *Methanospirillum hungatei* a été utilisé comme outgroup.

Tableau XVI : Caractéristiques globales des souches A21, D21, C21 et E21

Caractéristiques	Souche A21	Souche C21	Souche D21	Souche E21
Morphologie	Cocci	Cocci	Cocci	Cocci/ cocci pléomorphique
Gram	-	-	-	-
Optimum NaCl (M)	2.54	2.54	2.54	2.54
Gamme NaCl (M)	1.7-5,9	1.7-5,9	1.7-5,9	1.7-5,9
pH optimum	7,0- 9,0	5,0- 9,0	7,0- 9,0	5,0- 9,0
Nitrite à partir du nitrate	-	-	-	-
Azote gazeux à partir des nitrates	+	+	+	+
Croissance anaérobie à partir des nitrates	+	+	+	+
Arginine dihydrolase	+	+	-	+
Production d'acides à partir de carbohydrates	+	+	+	+
Croissance sur seule source de carbone	+	+	+	+
Indole à partir du tryptophane	+	+	+	+
Hydrolyse de:				
Amidon	+	+	+	+
Gélatine	+	+	+	-
Tween 80	+	+	+	+
Pigmentation des colonies	Rose Orange	Rose Rouge	Rose Rouge	Rose Orange
Lyse dans l'eau distillée	Lyse cellulaire	Lyse cellulaire	Lyse cellulaire	Lyse cellulaire
Résistance à la pénicilline	+	+	+	+
Genre et espèce correspondant	*Halovivax sp.*	*Natrialba sp1.*	*Haloarcula sp.*	*Natrialba sp2.*

II. Production et caractérisation de biosurfactants par les bactéries halophiles strictes

II.1 Criblage de souches productrices de biosurfactants

Pour cette étude, nous avons recherché la production des biosurfactants chez les souches halophiles extrêmes. Après croissance de ces souches en milieu liquide SH, nous avons testé leur pouvoir à produire des biosurfactants en utilisant le test du "drop-collapsing" ou drop-collapse méthode (Figure 26).

Nous avons déterminé les index d'émulsification correspondant et la tension superficielle des milieux (Tableau XVII). Les souches microbiennes ciblées pour cette étude sont au nombre de 25. Elles ont été isolées des eaux prélevées à partir de la sebkha d'In Salah et celle de Beni Maouche.

Les propriétés émulsifiantes et l'index d'émulsification E_{24} des souches bactériennes sélectionnées pour cette étude ont montré des résultats positifs et ont été obtenus uniquement pour cinq souches (A21, B21, D21, C21 et E21) toutes isolées de la sebkha d'In Salah. Toutes les souches isolées de la sebkha de Beni Maouche ne produisaient aucune émulsion. De nombreux chercheurs ont observé que lors de la fermentation, l'émulsion de l'hydrocarbure dans l'eau est liée à la présence de biosurfactants produits par les cellules bactériennes dans le moût (Kretschmer et al.1982) et (Ilori et Amund, 2001).

D'après le Tableau XVII, nous constatons que parmi les 5 isolats de bactéries halophiles strictes testées, isolées à partir de la sebkha d'In Salah, 2 souches présentaient un potentiel important de production d'agents émulsifiants, avec une réduction de tension superficielle du milieu plus au moins remarquée. La production des biosurfactants est exprimée par l'index d'émulsification E_{24}, des valeurs importantes sont obtenues pour les souches D21 et A21 en absence de cellules, avec des valeurs respectives de 75,2 % et 72,3 %.

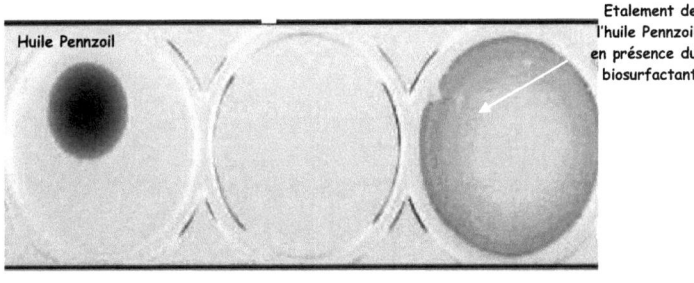

Figure 26 : Résultats du test par la méthode drop-collapse sur 3 puits de la plaque de 96 micros puits, (A) Huile Pennzoil + eau distillée, (B) eau distillée et (C) huile pennzoil + mout de fermentation

Tableau XVII Criblage des souches productrices de biosurfactants par mesure des index d'émulsification moyens et de la tension superficielle, cultures obtenues sur milieu SH à 40°C et à 200 rpm

Souches isolées à partir de sebkhas	Technique drop-collapse	Tension Superficielle mN/m		Index d'émulsification (%) après 48 h
		En présence de cellules	En absence de cellules	Surnageant de culture
A21	++++	29,4 ± 1,1	28,4 ± 1,2	72,3 ± 0,6
B21	+++	37,1 ± 0,6	36,4 ± 0,6	65,8 ± 0,7
C21	+++	35,7 ± 1,3	35,5 ± 1,4	66,9 ± 0,5
D21	++++	26,9 ± 0,2	26,2 ± 0,8	75,2 ± 0,4
E21	+++	35,7 ± 0,3	36,9 ± 0,6	66,3 ± 0,6
BMC 11	-	71.9 ± 0,2	72.9 ± 0,2	0
BMC 12	-	72.3 ± 0,1	73.3 ± 0,3	0
BMC 13	-	70.9 ± 0,2	73.9 ± 0,4	0
BMC 14	-	71.4 ± 0,1	73.4 ± 0,6	0
BMC 15	-	72.1 ± 0,3	73.1 ± 0,1	0
BMC 16	-	74.5 ± 0,1	73.5 ± 0,4	0
BMC 17	-	72.6 ± 0,1	73.6 ± 0,2	0
BMC 18	-	73.1 ± 0,2	73.3 ± 0,7	0
BMA1	-	72.7 ± 0,3	73.1 ± 0,8	0
BMC31	-	73.3 ± 0,2	73.2 ± 0,1	0
BMA2	-	71.8 ± 0,3	73.3 ± 0,3	0
BMA3	-	72.3 ± 0,1	73.2 ± 0,1	0
BMB9	-	72.1 ± 0,6	73.1 ± 0,6	0
BMB10	-	72.4 ± 0,5	73.4 ± 0,1	0
BMC32	-	72.9 ± 0,2	73.7 ± 0,2	0
BMB11	-	72.9 ± 0,4	73.8 ± 0,4	0
BMA4	-	73.3 ± 0,5	73.3 ± 0,3	0
BMB7	-	71.9 ± 0,1	73.9 ± 0,5	0
BMB8	-	71.9 ± 0,1	73.9 ± 0,6	0
1% SDS (témoin)	++++	Non applicable	42.8 ± 0,6	23.5 ± 0,8
Témoin milieu de culture	-	Non applicable	73.9	Non déterminé

En 1988, David et *al.* obtiennent des valeurs proches (75%), en provoquant l'émulsion du milieu de culture avec du kérosène, le biosurfactant produit dans cet exemple est une mannoproteine élaborée par *Saccharomyces cerevisiae*. D'après Bodour et *al* (2003), des rendements élevés supérieurs à 50%, ne s'obtiennent qu'après extraction et purification du biosurfactant. Par ailleurs, la présence du diesel dans le milieu a probablement favorisé la production des biosurfactants. La croissance des microorganismes sur des hydrocarbures stimule la production des biosurfactants (Maier, 2003; Herman et *al.*1995).

Les biosurfactants sont des molécules extracellulaires ou attachées à la surface cellulaire (Cameron et *al.*, 1988 ; Tabatabaee et *al.*, 2005). Le test d'émulsification (E_{24}) calculé pour le surnageant a donné un bon résultat comparé à celui de moût de fermentation. Il est, respectivement, de 72,3% et 62,96 % pour la souche bactérienne A21 et de 75,2 % et 54,57% pour la souche bactérienne D21.

Cela nous amène à dire que les biosurfactants produits par les souches bactériennes halophiles A21 et D21 sont des produits extracellulaires: ce qui facilite leurs extractions. Ces résultats sont semblables pour les souches B21, C21 et E21 si l'on observe l'abaissement de la tension superficielle du milieu de culture en absence et en présence des cellules. Les observations microscopiques des émulsions obtenues représentées dans la Figure 27 montrent l'effet des biosurfactants produits sur l'aspect de l'émulsion.

Dans certains travaux, il a été signalé que les Halobactéries produisaient des exopolysaccharides (EPS) qui ont d'excellentes propriétés rhéologiques et résistent aux températures, salinités et pH extrêmes. Ces métabolites sont utilisés en tant qu'agents émulsifiants et surfactants et ont une large application dans les industries alimentaires et pharmaceutiques et chimiques (Horowitz et Currie, 1990).

II.2 Production de biosurfactants par fermentation

Le suivi de l'évolution de tension de surface au cours des différentes fermentations est réalisé uniquement pour les souches bactériennes halophiles strictes A21, B21, C21, D21 et E21 en présence du milieu SH modifié par l'ajout de diesel comme source de carbone (Figure 28).

Les plus faibles valeurs de tensions de surface ont été obtenues pour les souches D21 et A21 qui sont respectivement de 26,2 et 28,4 mN m^{-1} comparées au milieu de culture dont la valeur initiale de tension superficielle égale à 73,9 mN/m. On peut confirmer donc qu'il y a production de biomolécules ayant des propriétés émulsifiantes actives à savoir les biosurfactants, provoquant ainsi l'abaissement de la tension superficielle du milieu.

La tension superficielle de l'eau pure est 72,80 mN/m à 20°C et en présence d'un biosurfactant, elle peut atteindre approximativement une valeur de 28 mN/m (Desai et Banat, 1997). La présence des électrolytes et des sels dissous augmenterait d'une manière proportionnelle les valeurs de tension de surface dans les milieux aqueux (Kretschmer et al., 1982), ce qui explique cette variation. Les biosurfactants ont une structure moléculaire particulière (pôle hydrophile et lipophile), qui leur confèrent un pouvoir émulsifiant important (Herman et al., 1995).

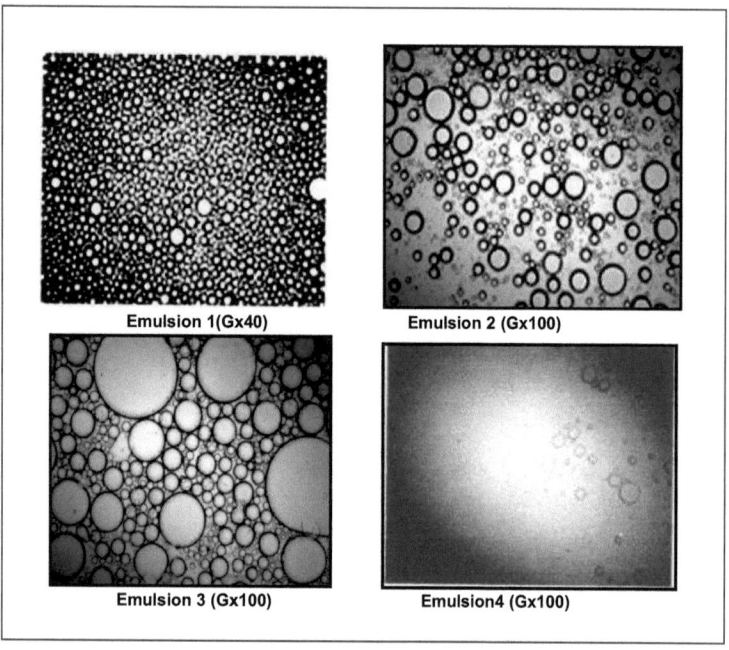

Figure 27 : Aspects des émulsions obtenues observées au microscope optique

Emulsion 1 : Extrait de biosurfactant mélangée au diesel.
Emulsion 2 : milieu de culture après production mélangée au diesel.
Emulsion 3 (témoin positif) : milieu de culture aseptique mélangé au tween 80 et au diesel.
Emulsion 4 (témoin négatif) : milieu de culture non inoculé mélangé au diesel.

De mêmes résultats ont été obtenus par Banat et al. (1991) et Menezes Bentoa et al.(2005) qui ont pu isoler plusieurs bactéries ayant la capacité de réduire la tension superficielle du milieu de culture à des valeurs inférieures à 40 mN/m. D'autre part, la lichenysine A (lipopeptide) produite par *Bacillus licheniformis* BAS50 réduit la tension superficielle de l'eau de 72 mN/m à 28 mN/m et atteint la sa concentration micellaire critique à une concentration inférieure à 12 mg/litre. En outre, le rhamnolipide (glycoprotéine) produit par *Pseudomonas aeruginosa* et la surfactine (lipoprotéine) produite par *Bacillus subtilis* ont la capacité de réduire la tension superficielle de l'eau de 72 mN/m à 30 mN/m.

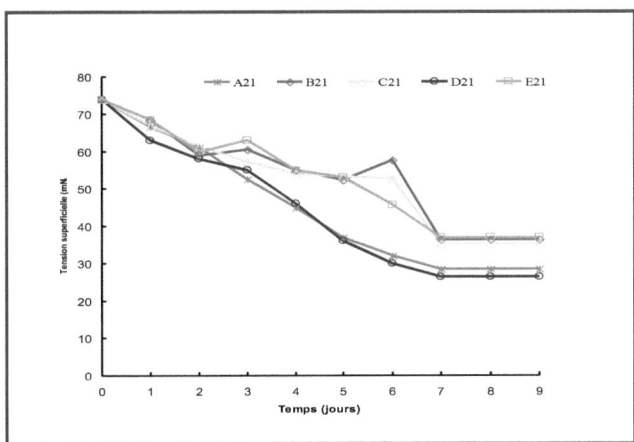

Figure 28 : Variation de la tension de surface des souches bactériennes halophiles strictes A21, B21, C21, D21 et E21 (croissance sur milieu SH modifié par l'ajout du diesel, 40°C et à 200 rpm)

Les résultats obtenus restent intéressants en comparaison aux valeurs de tension de surface obtenues par la culture de *Flavobacterium sp.* Strain MTN11 dont γ est égale à 40,7 mN m^{-1} (Bodour et al., 2004). De nombreux chercheurs ont observé que lors de la fermentation, l'émulsion de l'hydrocarbure dans l'eau est liée à la présence de biosurfactant produit par les cellules bactériennes dans le moût (Bodour et al., 2004; Kretschmer et al.,1982 et Lang et Wagner, 1987).

Les biosurfactants ont une structure moléculaire particulière (pôle hydrophile et lipophile), qui leur confèrent un pouvoir émulsifiant important (Herman et al., 1997 ; Al-Tahhan et al., 2000). Certains paramètres peuvent influer sur les propriétés du biosurfactant. Selon Banat et al., (1991), la solubilisation des biosurfactants dans l'eau ou dans les hydrocarbures dépend du nombre de liaison C-C présentes dans la partie lipophile de la molécule du biosurfactant.

La croissance sur hydrocarbure peut influencer non seulement la production de biosurfactants, mais aussi la nature du biosurfactant de la surface cellulaire. De plus, des conséquences métaboliques de la croissance sur hydrocarbures sont aussi observées (Batista et al., 2006). En effet le biosurfactant microbien offre un avantage de survie en émulsifiant le substrat hydrocarboné et en augmentant la surface interfaciale entre le micro-organisme et le substrat. Ceci ne signifie pas que le biosurfactant est produit seulement dans le but d'émulsifier le substrat. Dans la plus part des cas, ils sont les produits normaux intermédiaires au finaux du métabolisme microbien (Batista et al., 2006).

La cinétique de croissance de la souche D21 a été suivie de prés en utilisant un fermenteur. Les expériences ont été réalisées en premier lieu sur le milieu SH afin de pouvoir comparer la cinétique obtenue à celle du milieu à base de lactosérum. Le suivi de la cinétique de fermentation sur milieu SH est représenté dans la figure 29, nous avons remarqué l'absence de la phase de latence, la souche Haloarcula D21 a directement entamée sa phase exponentielle. Elle atteint la phase stationnaire au bout du 3eme jour de fermentation au court de laquelle la dégradation de l'amidon est amorcée, ce qui donne une allure décroissante à la courbe.

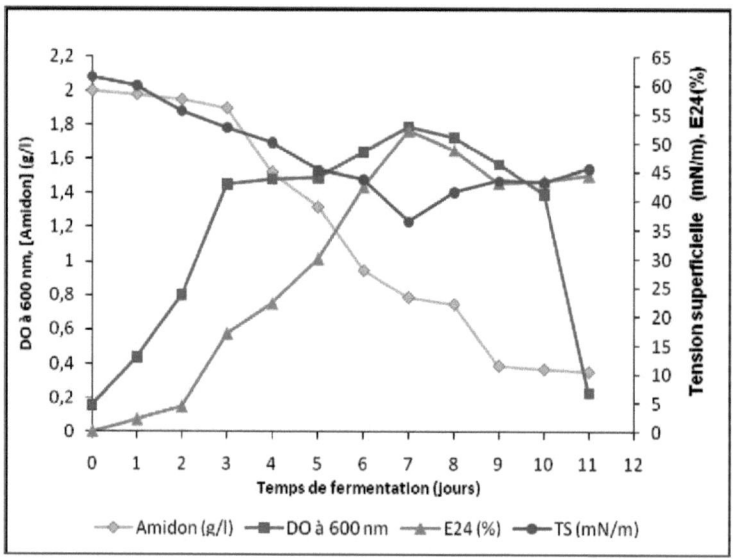

Figure 29 : Suivit de la fermentation en batch de la souche D21 sur milieu SH (40°C, 200 rpm, 1 v.v.m. et pH 7).

Nous avons remarqué La densité cellulaire augmentait proportionnellement avec l'index d'émulsification. Elle atteint sa valeur maximale au bout du 7eme jour de fermentation (densité optique égale à 1.78 à 600 nm) correspondant à la valeur d'index d'émulsifiation E_{24} le plus élevé égal à 52.2%.

Au même moment, nous avons constaté une chute de la tension superficielle qui atteint une valeur minimale de 36.5 mN/m au court du 7eme jour de fermentation, elle réaugmente légèrement par la suite suivie de la diminution de l'index E_{24} et de la densité optique qui indiquent le début de la phase de déclin. Les résultats de l'abaissement de la tension superficielle coïncident avec ceux obtenus par Banat et al (1991) qui ont pu isoler plusieurs Eubactéries ayant la capacité de réduire la tension superficielle du milieu de culture à des valeurs inférieures à 40 mN/m. Aussi, l'allure de la courbe du rendement instantané de biomasse par rapport au substrat consommé

($R_{x/s}$) présente un maximum lors de la phase exponentielle puis une baisse lors de la phase stationnaire. Le taux de croissance maximal atteint pour la souche D21 est estimé à 0.26 h^{-1} pendant le premier jour de fermentation. La courbe de la vitesse spécifique de consommation du substrat présente un pic suivie d'une chute après la disparition de l'amidon (Figure 30). Très peu d'études ont été réalisées sur la cinétique de croissance des bactéries halophiles extrêmes, mais selon Robinson et al., (2005), chez les Halobacteriaceae, le temps de génération est sous l'influence directe des conditions physicochimiques des milieux de croissance, elle influe directement sur la cinétique de croissance de ces bactéries. Selon ces mêmes auteurs, *Haloferax volcanii* DS70 et *Halobacterium salinarum* NRC-1 ont respectivement un temps de génération de 1.83 et 1.86 h. D'autres membres de cette famille voient le temps de génération doubler de 1.5 à 3.0 h dans d'autres conditions physicochimiques.

La production de biosurfactant prend place dès le 1er jour de fermentation, pour atteindre un maximum de production durant la phase stationnaire avec une concentration en biosurfactant de 22.2 g/l, ceci nous permet de dire que ces biopolymères sont produits pendant la trophophase. Cette production est directement liée à la croissance cellulaire, quand la biomasse augmente la tension superficielle diminue puis augmente légèrement durant la fin de la phase stationnaire. Des résultats similaires ont été obtenus pour d'autres eubactéries productrices de ces agents tensioactifs (Cooper et Goldenberg, 1987 ; Austin, 1989).

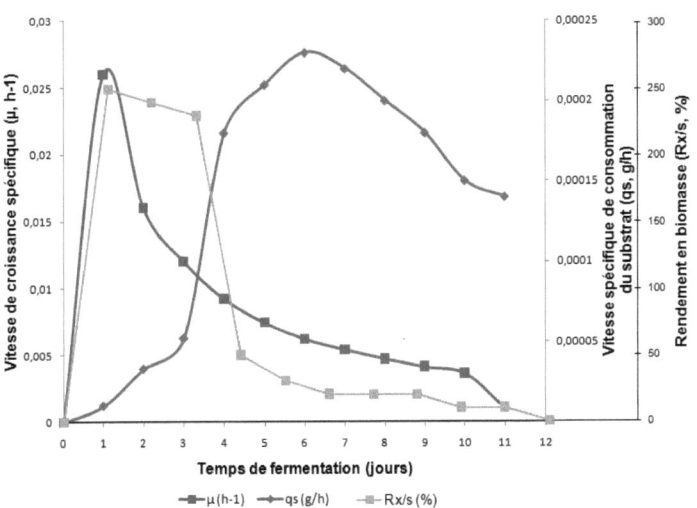

Figure 30 : Suivit des paramètres de la croissance:
taux d'utilisation de substrat qs, taux de croissance μ et rendement instantané.
(Milieu SH, 40°C, 200 rpm, 1 v.v.m et pH 7).

Concernant la cinétique de fermentation sur milieu à base de lactosérum, la figure 31 présentant le suivi de la fermentation en batch de la souche halophile D21 sur milieu de culture à base de lactosérum riche en lactose (2.5 g/l) et en matière azotée. Nous avons constaté que le lactose disponible dans le milieu, n'a pas pu être dégradé.

La souche D21 a préférentiellement utilisé d'autres sources de carbone présentes dans le milieu et probablement l'extrait de levure. Les Halobactéries utilisent les acides aminés comme source de carbone et leurs croissance exige des milieux riches en tryptone, peptone de caséine et l'autolysat de levure (Tanaka et al., 2000).

L'index E_{24} a augmenté proportionnellement avec la biomasse, en revanche la TS a diminué pour atteindre le 8eme jour un maximum estimé à 52.38% et 37.5 mN/m respectivement. La concentration en biosurfactant obtenue est 17.28 g/l. Dubey et Juwarker (2001) ont cultivé *Pseudomonas æruginosa* BS2 sur lactosérum pour la production d'un biosurfactant, le maximum de production a été obtenu sous des conditions limitantes de source d'azote.

Le taux de ce dernier dans le lactosérum est de 92%. Une réduction de la tension superficielle comprise entre 34 et 37 mN/m a été observée lors de la production de biosurfactant sur milieu à base de lactosérum par *Bacillus licheniformis* K_{51}, *Bacillus subtilis* 20B et *Bacillus subtilis* R1 (Joshi et al., 2008). Sudhakar Babu et al. (1996) ont reporté une production de rhamnolipides par *Pseudomonas aeruginosa* à partir de sous produits industriels (déchets de distillerie et lactosérum) comme substrat. D'après Maneerat (2005), une production de 1.85 g/l a été obtenue à partir de déchets de distillerie et le lactosérum.

Nous avons observé une croissance cellulaire sur le lactosérum atteignant un taux de croissance de 0,16 h^{-1} dés le premier jour de fermentation. Le rendement $R_{x/s}$ a augmenté relativement avec la biomasse (Figure32).

En conclusion, en comparant touts les résultats obtenus sur cette cinétique, nous avons remarqué que la meilleure production de biosurfactants est observée sur milieu SH atteignant un taux d'émulsification E_{24} maximum de 52.2% accompagné d'une réduction maximale de tension superficielle égale à 36.5 mN/m et un rendement en biosurfactant atteignant une valeur de 22.8 g/l. Par contre, sur lactosérum le taux d'émulsification E_{24} a atteint 52.38%, la tension superficielle 37.5 mN/m et la concentration des biosurfactants de 17.28 g/l. Ce dernier a formé des émulsions très stables au court du temps. D'autre part, le lactose et l'amidon présents respectivement dans le milieu à base de lactosérum et milieu SH ont peu ou pas été dégradés. Ceci nous laisse supposer que la souche halophile D21 ait préféré utiliser des sources de carbone de nature protéique.

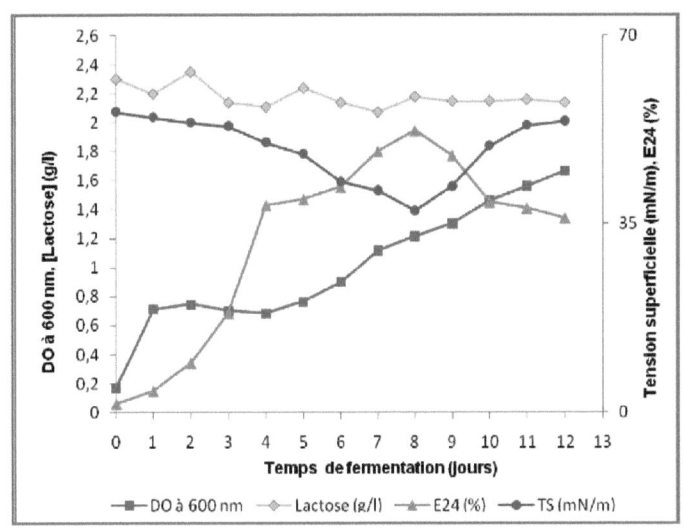

Figure 31 : Suivi de la fermentation en batch de la souche D21 sur milieu à base de lactosérum (40°C, 200 rpm, 1 v.v.m et pH 7).

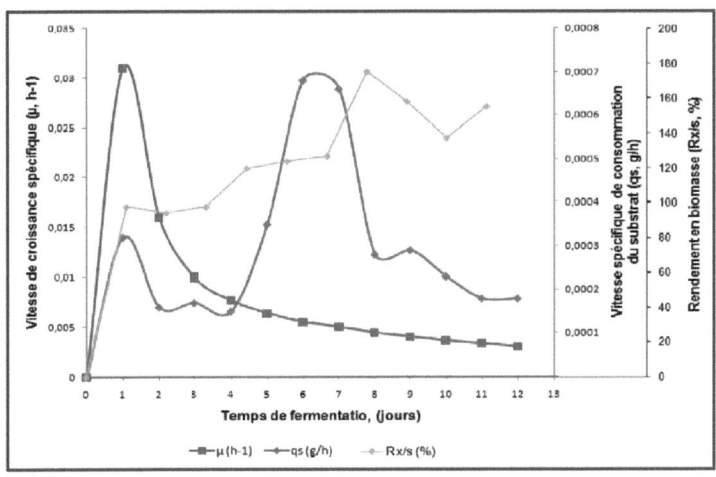

Figure 32 : Suivi des paramètres de la croissance : taux d'utilisation de substrat qs, taux de croissance µ et rendement instantané.
(Milieu à base de lactosérum, 40°C, 200 rpm, 1 v.v.m et pH 7).

Les valeurs maximales atteintes de la tension superficielle et de l'index d'émulsification, nous ont indiqué que le taux de production de biosurfactant par la souche halophile D21 n'est pas assez important. Chez les levures, la production de glycolipides par *Torulopsis bombicola* est stimulée par l'addition d'huile végétale durant la croissance sur un milieu à 10% de D-glucose donnant un rendement de 80 g/l (Cooper et Paddock, 1984). Plusieurs chercheurs ont observé une faible production de biosurfactant quand les cellules se développaient sur une source de carbone soluble dans l'eau (comme le glucose, glycérol et l'éthanol), cette dernière est consommée quand un hydrocarbure insoluble dans l'eau est rajouté dans le milieu, la production des biosurfactants est aussi entamée (Banat et *al.*, 1991 ; Banat, 1995, Chen et *al.*, 2007).

Lee et Kim (1993) ont rapporté que dans les cultures en batch, 37% de l'apport de carbone a été utilisé pour produire à 80 g/l de sophorolipide par *T. bombicola*. En revanche, en Fed-batch, environ 60% de cet apport de carbone a été utilisé pour la production de biosurfactant, en augmentant le rendement à 120 g/l. Tous ces résultats obtenus mènent à la conclusion que la disponibilité de la source de carbone, en particulier les hydrates de carbone, a une grande influence sur la quantité du biosurfactants produits (Li et *al.*, 1984 ; Suzuki et *al.*,1974 ; Itoh et Suzuki, 1974). L'azote a été signalé comme étant régulateur de la lipogenèse chez les levures et chez les algues (Milner, 1951).

Sous des conditions limitées en azote, les activités métaboliques dépendantes de l'azote diminuent, tel que la biosynthèse des protéines et des acides nucléiques. L'énergie destinée pour la croissance cellulaire est ainsi augmentée, résultant d'une concentration en ATP plus élevée et en AMP plus faible (Kosaric et *al.*, 1984). D'après de nombreuses études, la synthèse de la plupart des biosurfactants tel que les rhamnolipides se produit lorsqu'il y a un excès de carbone dans le milieu ou lorsque l'azote est en quantité limitante (Desai et Banat, 1997 ; Cameotra et Makkar, 1998 ; Lang et Wullbrandt, 1999).

II.2.1 Extraction des biosurfactants produits

Il existe certaines propriétés exigées du biosurfactant pour que la séparation par ces méthodes soit possible : pour la centrifugation, le biosurfactant insoluble devient précipité à cause de la force de centrifugation, pour la précipitation acide, le biosurfactant devient insoluble à des valeurs de pH inférieures, pour l'extraction par des solvants, le biosurfactant est dissous dans des solvants organiques grâce à sa partie hydrophobe (Koch et *al.*, 1991).

Après extraction et chromatographie unidimensionnelle sur couche mince. Les résultats obtenus affirment qu'il y a une production des substances extracellulaires par les souches bactériennes A21 et D21 par la révélation de substances glucidiques, peptidiques et lipidiques. D'après le Tableau XVIII, les biosurfactants produits par la souche D21 comportent à la fois des composés peptidique et glucidiques, ce sont probablement des glycoprotéines ou des glycopeptides, alors que ceux produits par la souche halophile A21 sont un mélange de glucides, protéines et lipides donc, sont soit des glycoprotéines, des glycolipides ou des lipopeptides ou un mélange des trois.

Tableau XVIII: Valeurs de Rf obtenues après révélation des plaques de CCM

		Souche D21		Souche A21	
		Nombre de tâches	Les valeurs de Rf	Nombre de tâches	Rf
Substances	glucidiques	3	0.13 ; 0.17 0.47	2	0.19 0.69
	peptidiques	4	0.21 ; 0.27 0.31 ; 0.36	4	0.16 ; 0.22 0.31 ; 0.52
	lipidiques	0	-	1	0.84

L'analyse préliminaire du biosurfactant caractérisé par Tabatabae et al. (2005), analysé par chromatographie sur couche mince avec le système de solvant chloroforme-méthanol-acide acétique-eau (25 : 15 : 4 :2, v/v), a indiqué la présence des glycolipides ou des lipides neutres en se basant sur la valeur du Rf calculé égale à 0,6. Hezayen et al., (2001) ont pu isoler un polymère extracellulaire produit par une Archaea halophile extrême *Natrialba asiatica*. Ce biopolymère est constitué essentiellement de l'acide glutamique (85%) carbohydrates (12,5%) et d'autres composés (2,5%). La production des polysaccharides extracellulaires a été décrite également par quelques membres de la famille des *Halobactriaceae*, chez les genres *Haloferax* et *Haloarcula*, mais en aucun cas, l'activité tensioactive de ces composés n'a été prouvée.

II.2.2 Concentration micellaire critique CMC

la CMC des extraits bruts des biosurfactants obtenus pour les souches halophiles extrêmes A21 et D21, sont respectivement 12mg/L et 13mg/L. Ces valeurs sont très proches de celles obtenues par Nitschke et al., (2004) 11mg/L, Shepperd et Mulligan (1987) 14mg/L, Deleu et al.., (1999) 10mg/L et en même temps meilleur de celle décrite par Kim et al., (1997) 40mg/L.

Par ailleurs, il faut signaler que la CMC d'un surfactant varie avec sa structure, la température de la solution, la présence d'électrolytes ou de composés organiques. Les effets des électrolytes sur la CMC sont plus prononcés pour les surfactants ioniques. La variation de la taille de la région hydrophobe est un facteur important et en général, la CMC diminue lorsque le caractère hydrophobe du surfactant augmente (Edwards *et al.*, 1991).

II.2.3 Caractérisation des extraits de biosurfactants

Souche A21

La mise en évidence des composés lipidiques dans les extraits des biosurfactants produits par la souche A21 a été réalisée par CCM. 3 essais simultanés nous ont permis d'obtenir des Rf compris entre 0,92 et 0,94. Quant à la mise en évidence des protéines par la méthode de Bradford, en traçant la courbe détalonnage (Annexe 8), il nous a été possible de déterminer la concentration en protéines dans les extraits bruts (Figure 33) et dans les éluas. La méthode de DNSA est utilisée pour la mise en évidence des sucres réducteurs (Annexe 7). Nous avons constaté encore une fois que le biosurfactant produit par la souche A21 est composé d'un mélange de sucres, de protéines et de lipides. Il peut être s'agir donc d'une glycoprotéine, d'un glycolipide, d'un lipopeptide ou une d'une glycolipoprotéine.

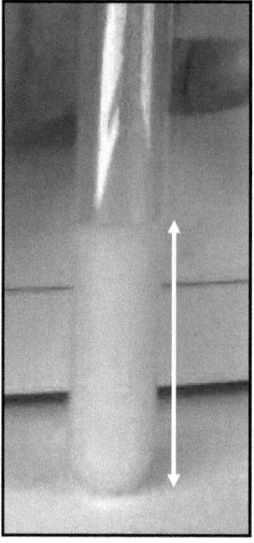

Figure 33 : Emulsion formée avec l'extrait brut du biosurfactant produit par la souche A21 sur milieu SH

La semi purification des biosurfactants extraits par la séparation des protéines est réalisée par un tamisage moléculaire ou filtration sur gel séphadex G_{75}. Les résultats sont représentés dans la Figure 34. L'élution a permis l'obtention de 29 éluas Ces derniers montrent qu'il y a présence de trois pics A, B et C. Ces derniers correspondent en même temps à un abaissement de la tension superficielle. Cette dernière est élevée dans les éluas 1, 2 et 3 à des valeurs de densités optiques comprises entre 0.022 à 0.03, puis elle diminue pour atteindre une valeur de 30.5 mN/m dans l'éluât 4 qui correspond à une densité optique de 0.166: il s'agit de la fraction A. Par ailleurs, le deuxième pic est obtenu avec éluât 9 avec un abaissement de la tension superficielle égale à 32.8 mN/m correspondant à une densité optique égale à 0,109: il s'agit de la fraction B. Enfin, le troisième pic est obtenu dans éluât 21, ayant une tension superficielle de 34 mN/m et une DO de 0.043, il correspond de la fraction C.

Tous ces éluas ont été testés pour déterminer leur concentration totale en protéines par la méthode de Bradford et de la quantité totale en sucres réducteurs par la méthode de DNSA. Les résultats obtenus sont présentés dans la Figure 35.

De la même manière, nous avons observé sur cette figure les mêmes pics pour les éluas 4, 9 et 21. Les valeurs de la tension superficielle ont permis de distinguer trois fractions dans les éluas: fraction A (éluât 3,4 et 5), fraction B (éluât 8 et 9) et la fraction C (éluât 21) avec des valeurs de tension superficielle respectives de 30.5 mN/m, 32.5 mN/m et 34 mN/m. Le biosurfactant produit par la souche bactérienne A21 est un biosurfactant polymérique constitué de trois fractions différentes. La fraction A représente l'activité de surface maximale pour une tension superficielle minimale. Les fractions A et B pourraient être des composées de nature glycopeptidique et la fraction C est composée d'un biosurfactant de nature glycolipidique.

Ligia et *al.*, (2006) ont utilisé la chromatographie d'interaction hydrophobe pour la purification du glycolipide produit par *Streptococcus thermophilus* A, ce glycolipide a montré une tension superficielle de 37 mN/m, une densité optique à 280 nm égale à 2.876, un contenu total en sucres et en protéines respectivement de 0.189 g/l et 0.325g/l. Milva et *al.*, (2004) ont essayé de caractériser le glycolipide produit par *Halomonas sp.* ANT-3b en utilisant la chromatographie sur gel avec biogel P-10 colomn (fraction 1500-20000 Da) en utilisant un solvant contenant du SDS à 0.05%. Ils concluent que la limite inférieure de PM du glycolipide est de 18 kDa.

La plus part des biosurfactants produits par des microganismes sont de nature biochimique très variée. La majorité des biosurfactants sont des glycolipides, ils incluent les rhamnolipides, les tréhaloses lipides et les sophoroses lipides. Les rhamnolipides sont produits uniquement par *P. aeruginosa* (Li et *al.*, (1984); MacElwee et *al.*, (1990); les tréhaloses lipides sont produits seulement par un nombre restreint de genres apparentés tel que, *Rhodococcus, Nocardia, Corynebacterium, Tsukamurella, Gordonia, Mycobacterium,* et *Arthrobacter*, appartenant tous à la division des Firmicutes (Bodour et *al.*, 2004); les sophoroses lipides sont produits par quelques espèces du genre *Candida* (Cirigliano et Carman, 1984).

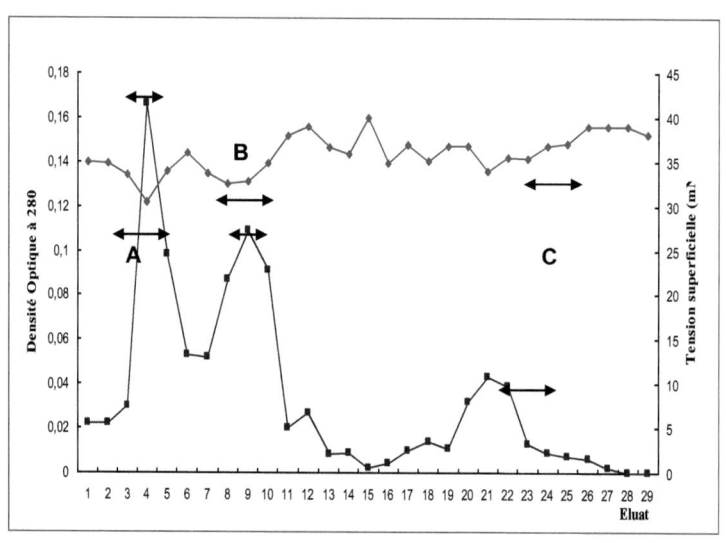

Figure 34 : Courbe d'élution obtenue après filtration sur gel Séphadex G75 de l'extrait brut du biosurfactant obtenu : cas de la souche A21

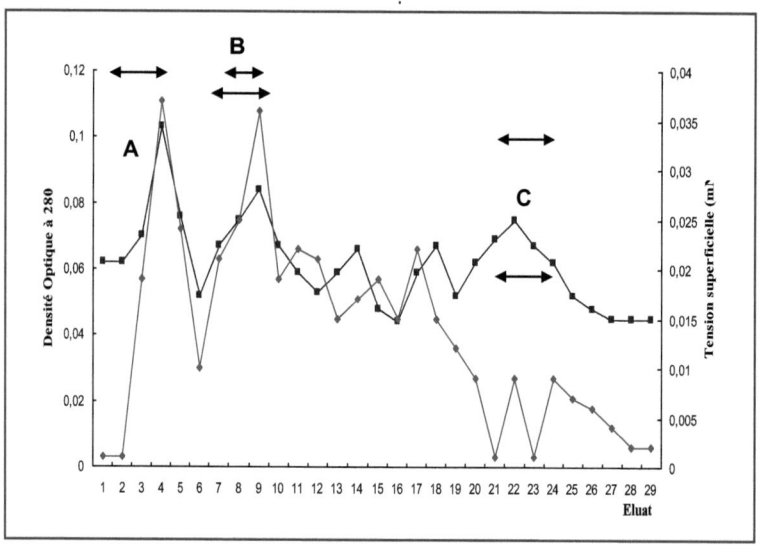

Figure 35 : Profil chromatographique représentant les concentrations en protéines et en sucres des éluas de la chromatographie sur colonne : cas de la souche A21.

Un nouveau glycolipide appelé mannosylerthritol lipide est produit par les genres *Candida* et *Ustilago maydis* (Bodour et al., 2004). La seconde classe des biosurfactants qui comprend les lipoprotéines, constituée de surfactine, iturine, fengycine et la lichenysine, produits uniquement par *Bacillus sp.* (Bodour et al., 2004). D'autres genres produisant les lipoprotéines incluant *Actinoplanes*, *Arthrobacter*, *Pseudomonas* et *Serratia* (Bodour et al., 2004).

Souche D21

De même, afin de vérifier l'identification de la nature du biosurfactant produit par la souche D21, nous avons procédé comme précédemment. La séparation des protéines de l'extrait brut des biosurfactants produits par la souche D21, est réalisée au moyen de la filtration sur gel de séphadex G_{75}.

Le profil de fractionnement de l'extrait brut du biosurfactant produit par la souche D21 concerne l'absorbance à 280 nm et de la tension superficielle illustrés dans la Figure 36.

Selon le profil, nous avons obtenu 32 éluas relativement différents, ces derniers caractérisent trois fractions (A, B et C) avec les tensions superficielles suivantes: fraction A (trois premiers éluas) dont la tension superficielle est égale à 37.5 mN/m, la fraction B (de éluât 4 à 8) ayant une tension superficielle de 31.7 mN/m et enfin la fraction C (de éluât 10 à éluât 13) présentant des tensions superficielles de 35.2 mN/m. Le paramètre qui permet de distinguer le biosurfactant est sa tension superficielle correspondante. On peut dire que la fraction B présente la meilleure activité de surface parmi l'ensemble des fractions isolées.

La composition biochimique de chaque un des éluas est déterminée par la méthode de Bradford afin de connaître sa teneur en protéine et en sucres réducteurs par la technique au DNSA, les résultats obtenus sont représentés dans la Figure 37. À partir du profil, toutes les fractions A, B et C présentent respectivement des teneurs en sucre totaux de 0.050 g/l, 0.208 g/l et 0 g/l) et en protéines totales de 0.0482 g/l, 0.0601g/l et 0.0324 g/l.

Ces résultats nous permettent d'affirmer que le biosurfactant semi purifié (fraction B) produit par la souche D21 est de nature glycoproteique. La présence des lipides n'a pas été mise en évidence par la technique que nous avons utilisée.

D'une manière générale, le biosurfactant obtenu est un mélange de plusieurs molécules. Par exemple, dans le cas du biosurfactant produit par une souche de *Pseudomonas aeruginosa* UG2, on obtient un mélange de deux ou plus de quatre rhamnolipides (Van Dyke et al., 1993).

Abalos et al., (2001) indiquent que sept homologues de rhamnolipides ont été identifiés dans des cultures de *Pseudomonas aeruginosa* AT10. Par ailleurs, la souche bactérienne *Antarctobacter* productrice de biosurfactants polyanioniques de type glycoprotéine riche en acide uronique présente un poids moléculaire > à 2,000 kDa est déterminé par chromatographie et spectroscopie à résonance magnétique (Gutiérrez et al., 2007).

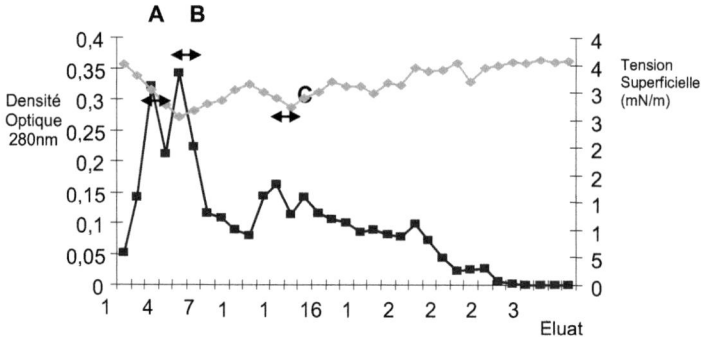

Figure 36 : Courbe d'élution obtenue après filtration sur gel Séphadex G75 de l'extrait brut du biosurfactant obtenu : cas de la souche D21

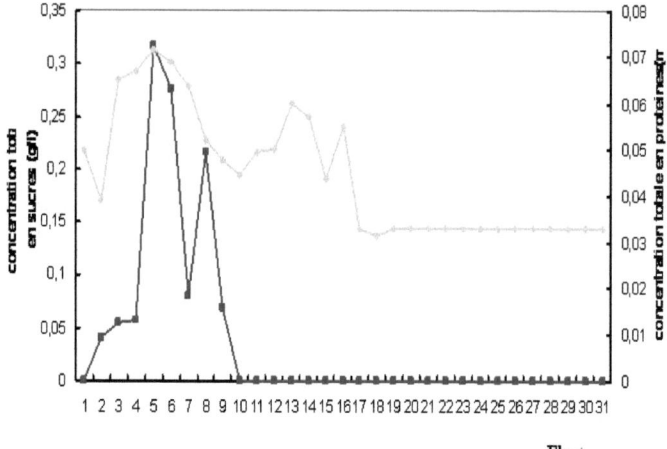

Figure 37 : Profil chromatographique représentant les concentrations en protéines et en sucres des éluas de la chromatographie sur colonne: cas de la souche D21

La production des biosurfactants polymériques est retrouvée chez certaines espèces appartenant aux Eubacteria, Eucaryotes et Archaea constitué des genres *Acinetobacter, Bacillus, Candida, Halomonas, Methanobacterium, Phormidium, Pseudomonas, Saccharomyces,* et *Sulfolobus* (Bodour et al., 2004). Chez les *Halobacteriaceae*, la production des biosurfactants n'a pas été mise en évidence auparavant.

II.2.3 Stabilité des émulsions formées

La dilution du moût de fermentation obtenu sur milieu SH dans de l'eau distillée a démontré que ce dernier n'a aucun effet sur les émulsions produites par les souches A21 et D21, les index d'émulsification formés dans 15% NaCl à sont maintenus élevés à des valeurs respectives de 63,2% et 54,57% (Figure 38).

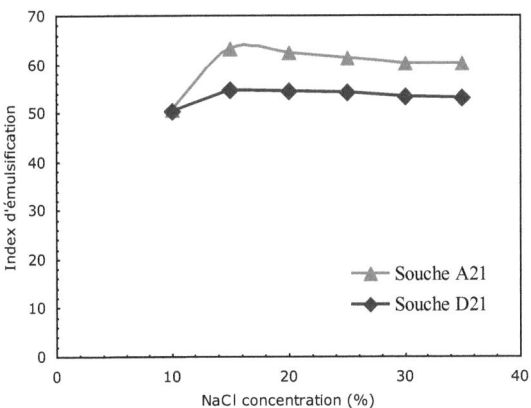

Figure 38 : Variation d'index d'émulsification (E24) après 48 heures en fonction du taux de NaCl

L'effet de la variation du pH (2 à 11) (Figure 39) ne semble pas affecter les émulsions formées par les deux souches A21 et D21. Ces résultats démontrent encore une fois qu'il est possible d'utiliser ces moûts de fermentation dans des sites pollués quelque soit la valeur de pH du site à dépolluer.

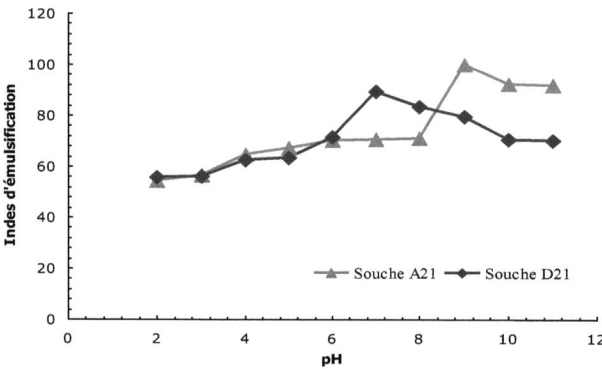

Figure 39 : Variation d'index d'émulsification (E24) après 48 heures en fonction du pH

Nous avons étudié l'influence de différentes concentrations d'éthanol sur les émulsions formées par les souches A21 et D21. Nous avons observé que la stabilité des émulsions formées augmente avec l'augmentation des concentrations d'éthanol jusqu'à ce qu'elle atteigne leur maximum à une concentration de 25% d'éthanol E_{24} = 93% (Figure 40). Par contre, une concentration plus élevée d'éthanol 50% a provoqué une légère diminution de l'index d'émulsification E_{24} = 88%.

Par ailleurs, le cycle de température de (40°C, 25°C, 4°C à − 4°C) n'a montré aucun effet sur la stabilité des émulsions formées. Aussi, le cycle de température inverse de (-4°C, 4°C, 25°C à 40°C) n'a pas provoqué la dispersion de l'émulsion. Les émulsions que nous avons obtenu à 40°C, pH 7, 0% d'éthanol et à 15% de NaCl, évaluées par le test E24 sont stables dans les différentes valeurs de pH, de températures (avec un cycle de 40°C, 25°C, 4°C et -4°C) et même en les diluant dans de l'eau distillée ou de l'éthanol à différents concentrations.

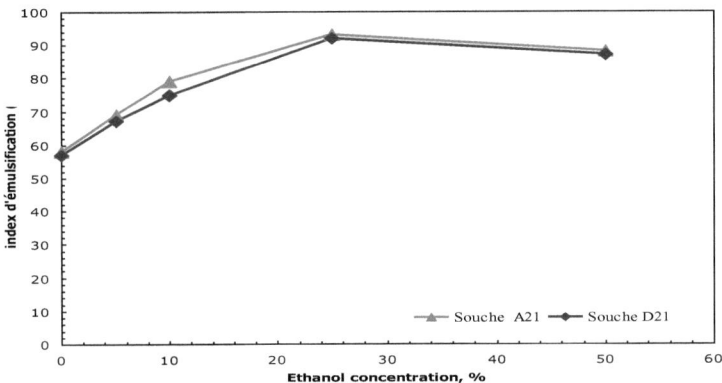

Figure 40 : Variation de l'index d'émulsification (E_{24}) en fonction de la concentration d'éthanol

Selon Cameron et al., 1988, l'étude de la stabilité des émulsions formées soumises à différentes conditions physico-chimiques (pH, température, salinité et l'effet de solvant) est un paramètre primordial pour leur utilisation dans différents domaines.

Les biosurfactants présentent plusieurs avantages par rapport aux surfactants chimiques, ils présentent un pouvoir moussant très important (Razafindralambo et al., 1996) et une activité spécifique à des températures, pH et salinité extrêmes (Kretschmer et al., 1982 ; Velikonja et Kosaric, 1993).

Les biosurfactants produits par la plupart des microorganismes deviennent instables dans les conditions physico-chimiques extrêmes à savoir la température, pH ou la présence de fortes concentrations de solvant tel que l'éthanol, qui peut avoir un effet déstabilisant des émulsions formées (Banat, 2000). Ajoutant, que les mannoproteines produites par *Saccharomyces cerevisiae* sont instables à l'effet du sel à 5% (Cameron et al., 1988). Un biosurfactant de nature lipopetidique produit par l'espèce halotolérante *Bacillus licheniformis ne* peut tolérer qu'une concentration de 13% NaCl (Yakimov et al., 1995).

Cameron et al. (1988) ont étudié la stabilité des mannoprotéines produits par *Saccharomyces cerevisiae*. L'étude a montré que les émulsions produites, évaluées par le test d'émulsification, sont stables à différentes températures et à différentes valeurs de pH avec un E24 de 95%.

Par contre, l'instabilité de ces émulsifiants a été montrée à 5% NaCl. Des résultats pareils ont été obtenus avec *Candida lipolitica* (Rufino et al., 2007). Ghojavand et al.,

(2008) ont isolé à partir d'un gisement de pétrole en Iran, des souches bactériennes thermophiles et halotolérantes appartenant au genre *Bacillus* capables de produire des biosurfactants formant des émulsions très stables à des températures supérieures à 55°C et des salinités égales à 10% (p/v).

En conclusion, les biosurfactants produits par les bactéries halophiles extrêmes A21 et D21 ont été obtenus dans des conditions de salinité très élevées (saturation), elle ont montré une importante stabilité à des conditions de variation de pH et de températures extrêmes ce qui leurs confère une importance majeure dans les applications industrielles agro-alimentaires et dans le domaine de la récupération du pétrole (Youssef et *al.*, 2007).

CONCLUSION GENERALE

Les biosurfactants sont des tensioactifs synthétisés par une grande variété de microganismes connus, comme les bactéries, les levures et les moisissures. Chez les Halobactéries, la production des biosurfactants est moins étudiée.

Les *Archaea* halophiles présentent une classe très importante des microorganismes extrémophiles. Ils peuvent résister à l'effet dénaturant du sel. Leur utilisation en industrie a ouvert la voie vers des biotechnologies futures génératrices de molécules actives et hautement stables dans des conditions extrêmes de pH, de température et de salinité. Les biosurfactants peuvent être utilisés dans plusieurs domaines (pétroliers, pharmaceutiques, alimentaires, agronomiques et dans la biorémédiation des sols).

L'objectif de ce travail était d'isoler des *Archaea* halophiles extrêmes et de démontrer leur capacité à produire des biosurfactants. Les isolements ont été effectués sur des échantillons d'eau provenant des écosystèmes aquatiques extrêmes, il s'agit des eaux de deux sebkhas l'une située dans le nord (Bejaia), l'autre au sud (In Salah) de l'Algérie ainsi que des échantillons d'eau d'injection et de gisement de pétrole provenant de la région d'In Amenas.

L'analyse chimique effectuée sur ces eaux a montré une richesse quantitative et qualitative en minéraux et oligo-éléments indispensables à la croissance des microorganismes. Ces eaux possédaient une concentration en chlorure de sodium (NaCl) favorable pour la croissance des bactéries halophiles. Ces concentrations ont été toutes supérieures à 150g/L à l'exception de l'eau d'injection (24,66g/L). Ces eaux sont également riches en ions Chlorure et Magnésium, Ces ions, en particulier les Mg^{2+} sont des éléments qui favorisent la prolifération de la flore halophile extrême.

La distribution de la population bactérienne dans les différents prélèvements d'eau a été estimée à différentes concentrations de NaCl. Nous avons distingué dans toutes les eaux, des populations bactériennes dont l'halophilie est très variable. On distingue des bactéries non halophiles et faiblement halophiles ne se développant pas en présence de NaCl ou du moins dés que la concentration atteint 2.9%. Des bactéries halophiles modérées se développant dans des milieux contenant entre 3% et 15% de sel et enfin des halophiles extrêmes et strictes qui ont exigé pour leur croissance des concentrations de NaCl variant de 4.5 à 30 %.

Les isolats obtenus à partir des différentes eaux ont été au nombre de 50 souches bactériennes. La sélection préliminaire des isolats s'est basée sur les caractères culturaux et macroscopiques des colonies, et plus particulièrement leur chromogénèse en tenant compte des milieux sélectifs et du pH du milieu d'isolement, les résultats ont montré que les milieux SG et SG modifié étaient favorables à la croissance de la microflore halophile strictes.

L'identification sommaire des isolats, nous a permis de distinguer dans les eaux d'injection et de gisement des bactéries halotolérantes incluant des genres très diversifiées, à savoir des cocci et des bacilles Gram positifs et négatifs (*Paracoccus, Staphylococcus, Bacillus, Pasteurella, Branhamella, Micrococcus, Plesiomonas* et *Neisseria*). A partir des eaux de sebkhas. Cependant, nous avons focalisé notre étude sur les isolats halophiles strictes, leurs majorités développaient une pigmentation rouge orangé du milieu. Ils présentaient une répartition sélective vis-à-vis le pH, la présence de différentes concentrations de NaCl et des ions Mg^{2+}. En effet, leur croissance est optimale à des concentrations en NaCl allant de 20 et 30% (p/v). La croissance des souches neutrophiles est optimale pour des concentrations importantes en ions Mg^{2+}, contrairement aux souches alcalophiles qui arrivent à se développer sur un milieu exempt ou ayant de très faible concentration en ions Mg^{2+}. Ces isolats ont été classés dans la famille des *Halobacteriaceae.*

En raison de l'objectif visé de notre travail qui a consisté à rechercher des souches microbiennes halophiles strictes productrices de biosurfactants, nous avons procédé au criblage des souches productrices des ces biopolymères à partir de souches microbiennes isolées de sebkhas, elles sont en nombre de 25.

Des résultats positifs ont été obtenus uniquement pour cinq souches, (A21, B21, D21, C21 et E21) isolées de la sebkha d'In Salah. Toutes les souches isolées de la sebkha de Beni Maouche ne produisaient aucune émulsion. Nous avons constaté que parmi les 5 isolats de bactéries halophiles strictes testées, 2 souches présentaient un potentiel important de production d'agents émulsifiants, avec une réduction de tension superficielle du milieu plus au moins remarquée.

L'identification approfondie de ces quatre souches halophiles strictes (A21, C21, D21 et E21) par l'étude de leurs caractères culturaux, biochimiques, physiologiques et génétiques, nous ont permis de les classer dans le domaine des *Archaea.* Elles font parties de la famille des *Halobacteriaceae.* La position phylogénétique de ces souches bactériennes est déterminée par le séquençage de l'ARN 16S. Les données obtenues ont été comparées aux données de la banque de donnée EMBL. Le séquençage partiel de l'ARN 16S de la souche A21 a été comparé aux autres archeabacteries halophiles, nous avons démontré que cette souche possédait des similitudes d'apparenté très élevées (97%) avec celles du genre *Halovivax*. La souche D21 correspond au genre *Haloarcula sp.* Quant aux souches C21 et E21, elles pourraient appartenir au genre *Natrialba*, se sont probablement des espèces différentes l'une de l'autre. Afin d'identifier d'une manière exacte ces espèces, des tests supplémentaires sont préconisés, il s'agit de décrire d'une manière précise la composition des lipides membranaires de chaque une des souches, en les comparant à des souches de référence d'Halobactéries, déterminer le pourcentage guanine cytosine et enfin réaliser des hybridations DNA- DNA avec des espèces apparentées.

Ces mêmes souches (A21, C21, D21 et E21) ont été sélectionnées pour leurs capacités à produire des biosurfactants, formant ainsi des émulsions très stables en réduisant la tension de surface à des valeurs inférieures à 40 mNm^{-1}. En effet, ces souches produisaient des biosurfactants réduisant la tension de surface à des valeurs inférieures à 30 mNm^{-1}. La production des biosurfactants est exprimée aussi par l'index d'émulsification E$_{24}$, des valeurs importantes sont obtenues pour les souches D21 et A21 dans les surnageants de culture avec des valeurs respectives de 75,2 % et 72,3 %. Les biosurfactants produits sont des produits extracellulaires.

Les fermentations en Batch réalisées sur milieux liquides ont montré que les biosurfactants produits par la souche D21, sont élaborés pendant la phase de croissance. Par ailleurs, la présence du diesel dans le milieu a favorisé la production de métabolites qui sont utilisés en tant qu'agents émulsifiants de la phase immiscible. L'utilisation de matière première bon marché d'origine agricole en tant que substrats pour la production de biosurfactants a été envisagée. Ainsi, les effluents de l'industrie laitière comme la lactosérum, favorise une bonne croissance microbienne. En effet, sur lactosérum le taux d'émulsification E$_{24}$ a atteint 52.38%, la tension superficielle 37.5 mN/m et la concentration des biosurfactants de 17.28 g/l; ce dernier a formé des émulsions très stables.

La CMC des extraits bruts des biosurfactants obtenus pour les souches halophiles extrêmes A21 et D21, sont respectivement 12mg/L et 13mg/L. Leur semi purification et leur caractérisation respectives ont permis de mettre en évidence la présence de peptides, glucides et lipides dans leurs structures. En effet, le biosurfactant produit par la souche A21 est composé d'un mélange de sucres, de protéines et de lipides. Il pourrait s'agir d'une glycoprotéine, d'un glycolipide, d'un lipopeptide ou d'une glycolipoprotéine. Par contre, le biosurfactant produit par la souche D21 est de nature glycoproteique exempt de fractions lipidiques.

La connaissance de la composition biochimique précise de ces biosurfactants exige une purification et une identification plus poussées, en utilisant la spectrométrie infrarouge afin de déterminer les groupements fonctionnels, la spectrométrie de masse qui permettra de connaître le poids moléculaire, des indications sur la structure et qui, à haute résolution, fournira l'analyse élémentaire de la molécule et ou la résonance magnétique nucléaire à haut champs qui indiquera la structure et la conformation des composés.

Les émulsions formées ont été testées dans diverses conditions physicochimiques extrêmes, nous avons démontré que les émulsions obtenues sont stables à trois cycles de gel et de dégel, stables aussi à des valeurs de pH (2 à 11), à des concentrations inférieures ou égales à 50% d'éthanol. Par ailleurs, les biosurfactants produits ont été insensibles à l'effet du sel 35% de NaCl. Toute fois, ces biosurfactants produits par les bactéries halophiles extrêmes ont été obtenus dans des conditions de salinité très élevées (saturation), ce qui leurs confère une importance majeure dans les applications industrielles dans le domaine de la récupération du pétrole là où la pression et le pH sont à leurs valeurs extrêmes, ainsi que la décontamination des sols salins et des eaux de mers contaminés par les hydrocarbures.

Il faut noter que dans les fermentations industrielles, là où l'asepsie, est un facteur limitant, l'utilisation de ces bactéries halophiles extrêmes pour la production de biosurfactants ou tout autre métabolite s'avère très intéressante. En effet, la présence de concentrations extrêmement élevées en NaCl dans le milieu de croissance empêcherait les contaminations dues aux autres microganismes.

Le succès de la commercialisation de tout produit biotechnologique dépend largement de ses bioprocédés économiques. Actuellement, les prix des agents de surface microbiens ne sont pas compétitifs avec ceux des agents de surface chimique en raison de leurs coûts de production élevés et des faibles rendements. Par conséquent, ils n'ont pas été largement commercialisés. Pour une production de biosurfactants commercialement viable, l'optimisation des processus au niveau biologique et de l'ingénierie a besoin d'être améliorée.

Ces biosurfactants peuvent être explorés pour plusieurs applications de transformations alimentaires comme ingrédients de formulation d'aliments salés comme les vinaigrettes. Il est également intéressant de connaître leurs potentielles applications dans le domaine thérapeutique comme l'action antimicrobienne contre les bactéries, les champignons, les algues et les virus. Les biosurfactants ne sont pas seulement utiles comme des agents antibactériens, antifongiques et antivirales, ils présentent également un potentiel pour l'usage en tant que molécules immunomodulatrices importantes, agents adhésifs et même dans les vaccins et la thérapie génique. Une combinaison juridique et efficace de ces stratégies pourrait, à l'avenir, mener à une voie de production à grande échelle profitable des biosurfactants. Ceci fera des biosurfactants, des biomolécules fortement recherchés pour les présentes et futures applications en tant que produits chimiques spéciaux, agents de lutte biologique, et la nouvelle génération de molécules pour les industries pharmaceutiques et cosmétiques.

REFERENCES BIBLIOGRAPHIQUES

A

1. **Abalos A., A. Pinazo, M.R. Infate, M. Casals, F. Garcia et A. Manresa (2001)** Physicochemical and Antimicrobial Properties of New Rhamnolipids Produced by *Pseudomonas aeruginosa* AT10 from Soybean Oil Refinery Wastes, Langmuir, 17, (5): 1367-1371.
2. **Abu-Ruwaida A.S., M. Banat, A. Haditirto, S. Salem et A Kadri (1991)** Isolation of biosurfactant producing bacteria product characterization and evaluation. *Acta Biotech*, 11(4): 315-24.
3. **Al-Tahhan, R., T. R. Sandrin, A. A. Bodour, et R. M. Maier. (2000)** Rhamnolipid- induced removal of lipopolysaccharide from *Pseudomonas aeruginosa*: effect on cell surface properties and interaction with hydrophobic substrates. *Appl. Environ. Microbiol.* 66:3262–3268.
4. **Amézcua-Vega C., Poggi-Varaldo H.M.,. Esparza-Garcıa F, Rıos-Leal E., Rodrıguez-Vazquez R. (2007)** Effect of culture conditions on fatty acids composition of a biosurfactant produced by *Candida ingens* and changes of surface tension of culture media. *Bioresource Technology*. 98. 237–240.
5. **Anton J, Meseguer I, Rodriguez-Valera F. (1988)** Production of an extracellular polysaccharide by *Haloferax mediterranei*. *Applied and Environnemental Microbiology* 54, 2381-2386
6. **Arhal D.R., F.E Dewhirst, B.J. Paster, B.E. Volcani et A. Ventosa (1996)** Phylogenetic Analyses of Some Extremely Halophilic archaea isolated from Dead Water, determined on the Basis of Their 16S rRNA sequences. *App. Envir. Microbiol*. 62: 3779-3786
7. **Arima K., A. Kakinuma et G. Tamura (1968)** Surfactine, a crystalline peptidlipid surfactant produced by Bacillus subtilis: isolation, characterization and its inhibition of fibrin clot. *Biochem. Biophys. Res. Commun*. 31: 488–494.
8. **Arino S. (1996)** Production de biosurfactants glycolipidiques par les bactéries de l'environnement: Diversité et rôle physiologique » thèse de doctorat de l'institut national agronomique de Paris Grignon, 200p.
9. **Asker D. et Y. Ohta (2002)** *Haloferax alexandrinus* sp. Nov., an extremely halophilic canthaxanthin-producing archaeon from a solar saltern in Alexandria (Egypt). *Inter. J. Syst. Evolut. Microbio.* 52 : 729-738.
10. **Asker D., T. Awad et Y. Ohta (2001)** Lipids of *Haloferax alexandrinus* Strain TM^T: an Extremely Halophilic Canthaxanthin-Producing Archaeon. *J. Biosci.Bioingein.* 93 : 37-43.

Austin. B. (1989) Novel pharmaceutical compounds from marine bacteria. *J Appl.bacterial*. 67: 461-470.

B

11. **Banat I.M. (2000)** Les biosurfactants plus que jamais sollicités. Biofutur ; *mensuel Européen de biotechnologie*, 198 :40-46.

12. **Banat I.M., N. Samarah, M. Murad, R. Horne, et S. Benerjee (1991)** Biosurfactant production and use in oil tank clean-up. *World J. Microbiol. Biotechnol.* 7: 80–84.
13. **Banat, I.M. (1995)** Biosurfactants production and possible uses in microbial enhanced oil pollution remediation: a review. *Bioresour Technol* 51:1–12.
14. **Batista S.B., Mounteer A.H., Amorim F.R., Totola M.R. (2006)** Isolation and characterization of biosurfactant/ bioemulsifier-producing bacteria from petroleum contaminated sites. *Bioresource Technology*, 97. 868–875.
15. **Becher. P., (1965)** In Emulsions, Theory and Practice 2nd edition (New York : Reinhold Publishing)
16. **Beech I. B. (1999)** La corrosion bactérienne, *biofutur*, pp 36-41
17. **Bell S.D., C. P. Magill et S. P. Jackson (2001)** Basal and regulated transcription in Archaea. *Biochimical Society Tranaction .* 29: 392-393.
18. **Benincasa, M., A. Abalos, I. Oliveira, A. Manresa (2004)** Chemical structure, surface properties and biological activities of the biosurfactant produced by *Pseudomonas aeruginosa* LBI from soapstock. *Antonie van Leeuwenhoek* 85: 1–8.
19. **Ben-Mahrez K. D., Thierry D., I. Sorrokine, A. Danna-Muller, et M. Kohiyama. (1988)** Detection of circulating antibodies against c-myc protein in cancer patient sera. *Br. J. Cancer* 57: 529-534.
20. **Bergstroïm S., H. Theorell et H. David (1946)** On a metabolic product of *Ps. Pyocyanae*, pyolopic acid active against *Myobacterium tuberculosis. Ark. Ken. Mineral. Geol.* 23: 1-12.
21. **Bertrand JC, Almallah M, Acquariva M, Mille G (1990)** Biodegradation of hydrocarbons by an extremely halophilic archae bacterium. *Lett Appl Microbiol* 11: 260-263
22. **Bhatnagar, S. Boutaiba, H. Hacene, J.-L. Cayol, M.-L. Fardeau, B. Ollivier, J.C. Baratti, (2005)** *FEMS Microbiol. Lett.* 248 33.
23. **Bitton G. (1999)** Wastewater Microbiology. 2ème éd., Wiley-Liss, New York, 59.
24. **Bodour A.A, C. Gerrero-Barajas, M. Maier (2004)** Structure and characterization of Flavolipids, a novel class of Biosurfactants produced by Flavolipid sp. Strain MTN11. *App. and Env. Microbiol.*, 10(6): 1114-20.
25. **Bodour AA, Maier RM (1998)** Application of a modified dropcollapse technique for surfactant quantification and screening of biosurfactant-producing microorganisms. *J Microbiol Methods*, 32:273–280.
26. **Bodour, A.A., K. P. Drees, et R. M. Maier. (2003)** Distribution of biosur-factant-producing microorganisms in undisturbed and contaminated arid southwestern soils. *Appl. Environ. Microbiol.* 69: 3280–3287.
27. **Bognolo G. (1999)** Biosurfactant as emulsifying agents for hydrocarbons, *Colloids and Surfaces A: Physico-Chemical and Engineering Aspects*, 152: 41-52.
28. **Bonelo, G., A. Ventosa, M. Megias, et F. Ruiz-Berraquero (1984)** The sensitivity of Halobacteria to antibiotics. *FEMS Microbiol. Lett.* 21:341- 345.
29. **Bonete M.J., Martínez-Espinosa1 R.M., Pire C., Zafrilla B. et Richardson D.J. (2008)** Nitrogen metabolism in Haloarchaea. *Saline Systems*, 4:9

30. **Bonilla M., Fardeau M.L., Cayol J.L., Casalot L., Patel B., Thomas P., Garcia J.L., & Ollivier B. (2004)** *Petrobacter succinatimandens* gen. nov., sp. nov., a moderately thermophilic, nitrate-reducing bacterium isolated from an Australian oil well. *IJSEM* . 54 (3), 645 – 649.
31. **Boone D.R., Castenholz R.W. et Garrity M.G, (2001)** *Bergy's Manual of Systematic Bacteriology*. Volume 1: The Archaea and the Deeply Branching and Phototrophic Bacteria 2nd ed., 2001, XXI, 721 p., Hardcover.
32. **Boone DR. et Castenfholz (1989)** *Bergy's Manual of Systematic Bacteriology*, 2nd Ed. New York: Springer, 600p.
33. **Boutaiba S., T. Bhatnagar, H. Hacéne, D.A. Mitchell et J.C. Baratti (2006)** Preliminary characterisation of lipolytique activity from an extremely halophilic archaeon, *Natronococcus sp. J .of Moleculare catalysis B: Enzymatic,* 41: 21-26.
34. **Bradford, M. M., (1976)** A rapid and sensitive method for quantitation of microgram quantities of protein utilizing the principal of protein-dye binding. *Anal. Biochem*, 72: 248-254.
35. **Brown J.R., et W.F. Doulittle (1997)** *Archaea* and prokaryote to eukaryote transition. *Microbiology and molecular Biology Reviews*. 61 : 456-502.
36. **Burns D.G., P.H. Janssen, T. Iton, M. Kamekura, Z. Li, G. Jensen, F. Rogriguez-Valera, H. Bolhuis et M.L Dyall-Smith (2007)** *Haloquadratum walsbyi* gen. nov., sp. nov., the square haloarchaeon of Walsby, isolated from saltern crystallizers in Australia and Spain. *Int. J. Syst. Evol. Microbiol.*, 57 : 387-392.

C

37. **Calvo C., F.L. Toledo, C. Pozo, M.V. Martinez-Toledo et J. Gonzalez-Lopez (2004)** Biotechnology of bioemulifiers produced by microorganisms. *J. of Food, Agriculture et Environment.* 2 :238-243.
38. **Cameotra S.S. et R.S. Makkar (1998)** Synthesis of biosurfactants in extreme conditions. *Appl. Microbiol. Biotechnol.*, 50: 520-529.
39. **Cameron R.D., Cooper D.G et R.J Neuffeld (1988)** The manoprotein of *Saccharomyces cereviciae* is an effective bioemulsifier. *App. Environ. Microbiology*, 54:1420 -1425.
40. **Carsten U. Schwermer, Lavik G., Raeid Abed R.M.M., Dunsmore B., Ferdelman G.T., Stoodley P., Gieseke A., et de Beer D.(2008)** Impact of Nitrate on the Structure and Function of Bacterial Biofilm Communities in Pipelines Used for Injection of Seawater into Oil Fields. *App. Envi. Micro*biology :74, No. 9, p. 2841–2851.
41. **Castillo A. M., M.C. Gutièrrez, M. Kamekura, Y. Xue, Y. Ma, D.A. Cowan, B. E. Jones, W.D. Grant et A. Ventosa (2007)** *Halovivax ruber sp.* Nov., an extremely halophilic archaeon isolated from Lake Xilinhot, Inner Mongolia, China. *Ins J syst evol Microbiol*, 57 : 1024-1027.
42. **Castillo A.M., M.C. Gutièrrez, M. Kamekura, Y. Xue, Y. Ma, D.A. Cown, B.E. Jones, W.D. Grant et A. Ventosa (2006)** *Halovivax asiaticus* gen. nov., sp. nov., a novel extremely halophilic archaeon isolated from Inner Mongolia, China. *Int. J. Syst. Evol. Microbiol.*, 56 : 765-770.

43. **Caumette P., Imhoff J. F., Suling J., Matheron R. (1997)** *Chromatium glycolicum sp* nov, a moderately halophilic purple sulfur bacterium that uses glycolate as substrate. *Archives of Microbiology*, 167, 1, pp.11-18.
44. **Champion J.T., Gilkey J.C., Lamparski H., Retterer J. et Miller R.M., (1995)** Electron microscopy of rhamnolipid (biosurfactant) morphology: effects of pH, cadmiun and octadecane, *J .Environ .Qual.*, 24: 19-28.
45. **Chen C.Y., Baker S.C., Darton R.C. (2007)** The application of a high throughput analysis method for the screening of potential biosurfactants from natural sources *Journal of Microbiological Methods.* 70. 503–510.
46. **Chiraldi C., Giuliano M. et De Rosa M. (2002)** Perspectives on biotechnological applications of archaea. *Archaea* 1, 75–86.
47. **Christofi N. et I.B. Ivshina (2002)** Microbial surfactants and their use in field studies of soil remediation, *Journal of Applied Microbiology*, 93: 915-929.
48. **Cirigliano M. C et G.M., Carman (1984)** Isolation of a bioemulsifier from *Candida lipolytica»*. *Appl. Environ. Microbiol.* 48: 747–750.
49. **Cooper D. G. et. D. A. Paddock (1984)** Production of a biosurfactant from *Torulopsis bombicola*, *Appl. Environ. Microbiol.* 47:173–176.
50. **Cooper DG, MacDonald CR, Duff SJB, Kosaric N (1981)** Enhanced production of surfactin from Bacillus subtilis by continuous product removal and metal cation additions. *Appl Environ Microbiol* 42:408–412
51. **Cooper, D. G., and B. G. Goldenberg (1987)** Surface active agents from two *Bacillus* species. *Appl. Environ. Microbiol.* 53: 224–229.
52. **Cordonnier J. (1995)** Encrassement microbiologique, corrosion bactérienne et protection, Application au circuit d'eau de refroidissement. pp 211-212.
53. **Cuadros-Orellana S., M. Pohlschröder et L. Durrant (2006)** Isolation and characterisation of halophilic Archaea able to grow in aromatic compounds. *Inter. Biodeter. Biodegrad.* 57 : 151-154.
54. **Cytryn E, Minz D, Oremland RS, Cohen Y (2000)** Distribution and diversity of Archaea corresponding to the limnological cycle of a hypersaline stratified lake (Solar Lake, Sinai, Egypt). *Appl Environ Microbiol* 66:3269–3276

D

55. **Dan N. P., Visvanathan C., Basu B. (2003)** Comparative evaluation of yeast and bacterial treatment of high salinity wastewater based on biokinetic coefficients. *Bioresource Technology*, 87, 1, pp.51-56.
56. **Das M, Das S K, Mukherjee R K (1998)** Surface active properties of the culture filtrates of a *Micrococcus* species grown on n-alkenes and sugars. *Biores. Technol.* 63: 231–235
57. **David. R. Cameron., David. G. Cooper et Ron. J. New Feld., (1988)** The mannoprotein of *Saccharomyces cerevisae* is an effective bioemulsifier. *Appl. Environ. Microbiol.*, 54 : 1420-1425.
58. **Deana D.M., A.C. Rose et M.F. Roberts (1999)** Osmoadaptation in Archaea. *App. Environ. Microbiol.* 65 : 1815-1825.
59. **Deleu, M., H. Razafindralambo, Y. Popineau, P. Jacques, P. Thonart, et M. Paquot. (1999)** Interfacial and emulsifying properties of lipopeptides from *Bacillus subtilis. Coll. Surf.* 152:3–10.

60. **Desai J.D. et Banat I.M.** (1997) Microbial production of surfactants and their commercial potential. *Microbiol Mol Biol Rev* 61:47–64
61. **Dubey, K. et Juwarkar, A.**, (2001) Distillery and curd whey wastes as viable alternative sources for biosurfactant production. *World J. Microbiol. Biotechnol.* 17, 61–69.
62. **Dussault H.P.** (1955) An improved technique for staining red halophilic bacteria. *Journal of Bacteriology,* 70: 484–485.

E

63. **Eder W., Jahnke L. L., Schmidt M., Huber R.** (2001) Microbial diversity of the brine-seawater interface of the Kebrit Deep, Red Sea, studied via 16S rRNA gene sequences and cultivation methods. *Applied and Environmental Microbiology*, 67, 7, pp.3077-3085.
64. **Edwards D.A., Luthy R.G. et Liu Z.** (1991) Solubilization of polycyclic aromatic hydrocarbons in micellar nonionic surfactant solutions, *Environ. Sci. Technol.* 25(1): 127-133.
65. **Edwards K.R. et Hayachi** (1965) Structure of Rhamolipid from *Pseudomonas aeruginosa*. *Arch. Biochem. Biophys.*, 111:415-421.
66. **Edwards K.R., Lepo J.E. et Lewis M.A.** (2003) Toxicity comparison of biosurfactants, and synthetic surfactants used in oil spill remediation to two estuarine species, *Marine Pollution Bulletin*, 46, 1309-1316.
67. **Eisenberg H. et J. Wachtel** (1987) Structural studie of halophilic proteins, ribosomes and organelles of bacteria adapted to extremes salt concentration. *Annual reviews Biophysiological chemistry*, 16: 67-92.
68. **Eisenberg H., Mevarech M., Zaccai G.** (1992) Biochemical, Structural, and Molecular-Genetic Aspects of Halophilism. *Advances in Protein Chemistry*, 43, pp.1-62.
69. **Elazari-Volcani S.** (1957) *genus.* Type genus of the order *Halobacteriales*. [Approved Lists].
70. **Elvi-Bar D., Gonzalez C., Gutierrez C. et Ramirez C. (unpublished_2006).** Les isolats obtenus à partir des différentes eaux ont été au nombre de 50 souches bactériennes. *Halobacterium vallismortis* sp. nov. An amylolytic and carbohydrate-metabolizing, extremely halophilic bacterium. *Canadian Journal of Microbiology*, 24: 710-715.
71. **Eugester H. P. .et L. A. Hardie** (1978) Saline lackes. In lakes chemistry geology and physics (Lerman A. ed .) pp 237-293. Springer, New-York, N.Y.

F

72. **Falb M., Muller K., Konigsmaier L., Oberwinkler T., Horn P., von Gronau S., Gonzalez O. et Pfeiffer F. Bornberg-Bauer E., Oesterhelt D.** (2008) Metabolism of halophilic archaea *Extremophiles* 12:177–196.
73. **Fiechter A.** (1992) Biosurfactants: moving towards industrial application, *Tibtech*, 10: 3-12.
74. **Francy D.S., J.M. Thomas, R.L. Raymond, C.H. Ward** (1991) Emulsification of hydrocarbon by surface bacteria. *J. Industrial Microbiol*, 8: 237-46.

G

75. **Galinski EA, Tindall BJ (1992)** Biotechnological prospects for halophiles and halotolerant micro-organisms. In Molecular Biology and Biotechnology of Extremophiles, eds Herbert, R.D. & Sharp, R.J. pp. 76-114. London: Blackie
76. **Gerhardt, P., R. G. E. Murray, R. N. Costilow, E. W. Nester, W. A. Wood, N. R. Krieg, & G. B. Philips (1981)** Manual of Methods for General Bacteriology. Washington, DC: *American Society for Microbiology.*
77. **Ghojavand H., Vahabzadeh F., Mehranian M., Radmehr M., Shahraki Kh. A., Zolfagharian F., Emadi M.A. et Roayaei (2008)** Isolation of thermotolerant, halotolerant, facultative biosurfactant-producing bacteria *Appl Microbiol Biotechnol* 80:1073–108.
78. **Gochnauer, M. B., S. C. Kushwaha, M. Kates, & D. Kushner (1972)** Nutritional control of pigment and isoprenoid com-pound formation in extremely halophilic bacteria. *Arch Microbiol*, 84: 339–349.
79. **Gonzalez C., C. Gutierrez et C. Ramirez (1978)** *Halobacterium vallismortis sp.* Nov. An amylolytic and carbohydrate-metabolizing extremely halophilic bacterium. *Can. J. Microbiol*, 24: 710-715.
80. **Grangermard I., J.M. Bonmatin, J. Bernillon, B.C. Das et F. Peypoux (1999)** Lichenysins G, a novel family of lipopeptide biosurfactants from *Bacillus licheniformis* IM 1307: Production, isolation and structural evaluation by NMR and mass spectrometry. *J. antibiot*, 4: 363-373.
81. **Grant W.D. et H. Larsen (1990)** Extremely halophilic archaeobacteria. Order *Halobacteriales* ord. nov. In *Bergey's Manal of Systematic Bacteriology*, 3: 2216-2233. Edited by J.T. Staley, M.P Brayan, N. Pfenning & J.G. Holt. Baltimore: Williams & Wilkins.
82. **Grant, W. D. et Larsen, H. (1989)** Extremely halophilic archaeobacteria. Order *Halobacteriales* ord. nov. In *Bergey's Manual of Systematic Bacteriology*, vol. 3, pp. 2216-2233. Edited by N. Pfennig. Baltimore: Williams & Wilkins.
83. **Grant, W. D., Kamekura, M., McGenity, T. J. & Ventosa, A. (2001)** Class III. Halobacteria class. nov. In *Bergey's Manual of Systematic Bacteriology*, 2nd edn, vol. 1, p. 294. Edited by D. R. Boone, R. W. Castenholz & G. M. Garrity. New York: Springer.
84. **Grassia G.S., McLean K.M., Glenat P., Bauld J. et Sheedy A.J. (1996)** A systematic survey for thermophilic fermentative bacteria and archaea in high temperature petroleum reservois. *FEMS Microbiology Ecology* 21, 47-58.
85. **Guerra-Santos L., O. Cappeili et A. Fiechter (1986)** Dependence of *Pseudomonas aeruginosa* continuous culture biosurfactant production on nutritionnal and environemental factors, *Appl Microbiol. Biotechnol,* 24 : 443-448.
86. **Guillaumin, D. (1980)** La pratique du microscope électronique à Balayage en Biologie Paris, Masson.
87. **Gutiérrez T., Mulloy B. Bavington C., Black K., Green D.H. (2007)** Partial purification and chemical characterization of a glycoprotein (putative hydrocolloid) emulsifier produced by a marine bacterium *Antarctobacter. Appl Microbiol Biotechnol DOI* 10.1007/s00253-007-1091-9.
88. **Gutierrez, C. & C. Gonzalez, (1972)** Method for simultaneous detection of proteinase and estrase in extremely halophilic bacteria. *Appl Microbiol* 24: 516–517.

H

89. **Haba E., A. Pinazo, O. Jauregui, M.J. Espuny, M.R. Infante, A. Manresa (2002)** Physicochemical characterization and antimicrobial properties of rhamnolipids produced by *Pseudomonas aeruginosa* 47T2 NCBIM 40044. *Biotechnology and Bioengineering*, 81: 316–322.

90. **Haba E., A. Pinazo, O. Jauregui, M.J. Espuny, M.R. Infante, A. Manresa (2003)** Physicochemical characterization and antimicrobial proprieties of rhamnolipids produced by *Pseudomonas aeruginosa* 47T2 NCBIM 40044, *Biotechnology and Bioengineering*, 81: 316-322.

91. **Hacéne H., F. Rafa, N. Chebhouni, S. Boutaiba, T. Bhatnagar, J.C. Baratti et B. Ollivier (2004)** Biodiversity of prokaryotic microflora in el Golea Salt lake, Algerian Sahara. *J. Arid Envir*, 58: 273-284.

92. **Haddad N.I.A, Wang J. et Mu B. (2008)** Isolation and characterization of a biosurfactant producing strain, *Brevibacillus brevis* HOB1 *J. Ind Microbiol Biotechnol* 35:1597–1604.

93. **Hardie L. A. et H. P. Eugster (1970)** The evolution of closed basin brines, mineral. Society of America. Spécial publication 3 273-290.

94. **Healy M.G., Devine C.M. et Murphy R. (1996)** Microbial production of biosurfactants, *Resources, Conservation and Recycling*, 18 : 41-57.

95. **Herbert R.A. (1992)** A perspective on the biotechnological potential of extremophiles. *Letters in applied microbiology*, 9: 33-39.

96. **Herman D.C., J.F. Artiola et R.M. Miller (1995)** Removal of cadmium, lead and zinc from soil by a rhamnolipid biosurfactant. *Environ. Sci. Technol.*, 29(9): 2280-2285.

97. **Herman, D. C., Y. Zhang, et R. M. Miller. (1997)** Rhamnolipid (biosurfactant) effects on cell aggregation and biodegradation of residual hexadecane under saturated flow conditions. *Appl. Environ. Microbiol.* 63:3622–3627.

98. **Hezayen F.F., B.J. Tindall, A. Streinbüchel et B.H.A Rehm (2002)** Characterization of a novel halophilic archaeon, *Halobiforma haloterrestris* gen. nov., sp. Nov., and transfer of *Natronobacterium nitratireducens* to *Halobiforma nitratireducens* comb. nov. *Int. J. Syst. Evolut. Microbial.* 52: 2271-2280.

99. **Hezayen, F. F., B. H. A. Rehm, Tindall, & A. Steinbuchel (2001).** Transfer of *Natrialba asiatica* B1T to *Natrialba taiwanensis* sp. nov. and description of *Natrialba aegyptiaca sp.* nov., a novel extremely halophilic, aerobic, non-pigmented member of the *Archaea* from Egypt that produces extracellular poly(glutamic acid). *Int J Syst Evol Microbiol*, 51: 1133–1142.

100. **Hisatsuka K., T. Nakahara, N. Sano et K. Yamada (1971)** Formation of rhamnolipid by *Pseudomonas aeruginosa*: its function in hydrocarbon fermentations. *Agric. Biol. Chem*, 35: 686–692.

101. **Hodge J.E. et B.T. Hofreiter, (1962)** Determination of reducing sugars in carbohydrates. In: Methods in Carbohydrate Chemistry, Vol 1(Whistler RL and ML Wolfrom, eds), pp 388–390, Academic Press, New York

102. **Holmberg, K. (2001)** Natural surfactants. *Current Opinion in Colloid & Interface Science*, 6: 148-159.

103. **Hommel R.K., S. Stegner, L. Weber et H.P. Kleber (1994)** Effect of ammonium ions on glycolipid production by *Candida (Torulopsis) apicola*, *Appl. Microbiol. Biotechnol.*, 42: 192-197.
104. **Horikoshi K., Grant W. D. (1998)** Extremophiles: Microbial Life in Extreme Environments. iley-Liss, New York, 322p.
105. **Horowitz S, Currie JK (1990)** Novel dispersants of silicon carbide and aluminum nitride. J Dispersion Sci Technol 11:637–659
106. **Horowitz, S., et W. M. Griffin (1991)** Structural analysis of *Bacillus licheniformis* 86 surfactant. *J. Ind. Microbiol.* 7: 45–52.

I

107. **Ihara K., S. Watanab et T. Tamura (1997)** *Haloarcula Argentinensis* sp. nov. and *Haloarcula mukohtaei* sp. nov., Tew New Extremely Halophilic Archaea Collected in Argentina ». *International Journal of systematicBacteriology*, p 73-77.
108. **Ilori ., M. et Amund D. (2001)** Production of a Peptidoglycolipid Bioemulsifier by *Pseudomonas aeruginosa* Grown on Hydrocarbon *Z. Naturforsch.* 56c, 547-552p
109. **Ishigami Y., Y. Gama, H. Naghahora, M. Yamagughi, H. Nakahara et T.Kamata (1987)** The pH-sensitive conversion of molecular aggregates of rhamnolipid biosurfactant, *Chemistry Letters*, 763-766.
110. **Itoh T., M. Kamekura, G. Teodosiu et L. Dumitru (2005)** *Haloferax prahovense* sp. nov., an extremely halophilic archaeon isolated from a Romanian salt lake. *Int. J. Syst. Evol. Microbiol.* 57: 393-397.
111. **Itoh, S., et T.Suzuki. (1974)** Fructose lipids of *Arthrobacter, Corynebacteria, Nocardia* and *Mycobacteria* grown on fructose. *Agric. Biol. Chem.* 38:1443-1449.

J

112. **Javor B.J. (1984)** Growth Potential of Halophilic Bacteria Isolated from Solar Salt Environments: Carbon Sources and Salt Requirements. *Applied and Environment Microbiology*, Vol. 48, No. 2, p. 352-360.
113. **Javor F.G., et M.J. Johnson (1982)** A glycolipid produced by *Pseudomonas aeruginosa*». *J. Am. Chem. Soc.* 71: 4124–4126.
114. **Jenneman G. E., P. D. Moffitt, G. A. Bala, et R. H. Webb.** (1999) Sulfide removal in reservoir brine by indigenous bacteria. Soc. Petroleum Eng. Prod. Facilities 14:219-225.
115. **Joshi, S., C. Bharucha, S. Jha, S. Yadav, A. Nerurkar et A.J. Desai. (2008)** Biosurfactant production using molasses and whey under thermophilic conditions. *Bioresource Technol.*, 99, 195-199.

K

116. **Kamekura M et Dyall-Smith ML (1995)** Taxonomy of the family Halobacteriaceae and the description of two genera *Halorubrobacterium* and *Natrialba*. J Gen Appl Microbiol 41:333–350.
117. **Kamekura M. (1998)** Diversity of extremely halophilic bacteria. *Extremophiles.* **2**: 289-295.
118. **Kamekura M. (1998)** Diversity of extremely halophilic bacteria. *Extremophiles.* **2**: 289-295.

119. **Kamekura M. et M. Kates (1999)** Structural diversity of members of *Halobacteriaceae. Biosci. Biotech. Biochem.* 63: 969-972.
120. **Kamekura, M., M. L. Dyall-Smith, V. Upasani, A. Ventosa, et M. Kates. (1997)** Diversity of alkaliphilic halobacteria: proposals for transfer of *Natronobacterium vacuolatum, Natronobacterium magadii,* and *Natronobacterium pharaonis* to *Halorubrum, Natrialba,* and *Natronomonas* gen. nov., respectively, as Halorubrum vacuolatum comb. nov., Natrialba magadii comb. nov., and Natronomonas pharaonis comb. nov., respectively. *Int. J. Syst. Bacteriol.* 47:853–857
121. **Kates M., (1972)** Ether-linked lipids in extremely halophilic bacteria. In *Ether Lipids: Chemistry and Biology.* Ed : F. Snyder. Academic Press, New York, 1972, pp. 351-398
122. **Kawakami Y., N. Hayashi, M. Ema et M. Nakayama (2007)** Effects of Divalent Cations on *Halobacterium salinarum* Cell Aggregation. *J. Biosci. Bioengi.* 104: 42-46.
123. **Kebbouche-Gana S., M. L. Gana, S. Khemili, F. Fazouane-Naimi, N. A. Bouanane, M. Penninckx et H. Hacéne (2009)** Isolation and characterization of halophilic Archaea able to produce biosurfactants. *Journal of Industrial Microbiology and Biotechnology.* Volume 36, Number 5, pp 727-738.
124. **Kharoub K., T. Quesada, R. Ferrer, S. Fuentes, M. Agilera, A. Boulahrouf, A. Ramos-Cormenzana et M. Monteoliva-Sanchez (2006)** *Halorubrum ezzemoulense* sp. nov., a halophilic archaeon isolated from Ezzemoul sabkha, Algeria, *Int. J. Syst. Bacteriol.* 47:853–857..
125. **Kieslish K. (1984)** Biotransformation, pp: 468-473. In H. J. Rehm and G. Reed (ed.), *biotechnology,* 6a. Verlag Chemie, Weinheim, Germany.
126. **Kim S.-Y., Oh D.-K., Lee H. et Kim J.H (1997)** Effect of soybean oil and glucose on sophorose lipid fermentation by *Toulposis bombicola* in continuous culture. *Applied Microbiology and Biothechnology,* 48 23-26.
127. **Kiss Pappo T. et A. Oren (2000)** Halocins can they involved in the competition between halobacteria in Saltern Ponds *Extremophiles,* 4: 35- 41.
128. **Koch A.K., O. Käppemi, A. Fiechter et J. Reiser (1991)** Hydrocarbon assimilation and biosurfactant production in *Pseudomonas aeruginosa* mutants, *Journal of Bacteriology,* 173(13): 4212-4219.
129. **Konishi M., Morita T., Fukuoka T., Imura T., Kakugawa K. et Kitamoto D. (2007)** Production of different types of mannosylerythritol lipids as biosurfactants by the newly isolated yeast strains belonging to the genus *Pseudozyma. Appl Microbiol Biotechnol.* DOI 10.1007/s00253-007-0853-8.
130. **Kosaric.N, W.L. Cairns, N.C.C. Gray, D. Stechey et J. Wood. (1984)** The role of Nitrogen in Multiorganism Strategies for Biosurfactant Production. *Chemical and Biochemical Engin.* London.11: 1735-1743.
131. **Kozhuharova L., Gochev V. et Koleva L. (2008)** Isolation, purification and characterization of levorin produced by *Streptomyces levoris 99/23. World J Microbiol Biotechnol* 24:1–5.
132. **Kretschmer, A., H. Bock, et F. Wagner (1982)** Chemical and physical characterization of interfacial-active lipids from *Rhodococcus erythropolis* grown on *n*-alkane. *Appl. Environ. Microbiol.* 44:864–870.

133. **Kunte H. J., H. G. Truper et S. L. Helga (2001)** Halophilic micro-organisms, in Astrobiology: The quest for the conditions of life, editors Horneck and Baumestard Springer. Berlin. pp 85-197.
134. **Kushner D J (1998)** Life in high salt solute concentrations: Halophilic bacteria. In microbial life in extreme environments, pp: 317- 368.
135. **Kushner D. J. (1985)** In: The Bacteria. Academic Press, London, vol. 8, pp.171.
136. **Kushner D. J. (1985)** In: The Bacteria. Academic Press, London, vol. 8, pp.171.
137. **Kushner D.J. (1998)** Life in high salt solute concentrations: Halophilic *Bacteria*. In microbial life in extreme environments, pp: 317- 368.

L

138. **Lahav R., Nejidat A., Lahav R., Abeliovich A., Fareleira P. (2002)** The identification and characterization of osmotolerant yeast isolates from chemical wastewater evaporation ponds. Microbial Ecology, 43, 3, pp.388-396.
139. **Lang S. et D., Wullbrandt (1999)** Rhamnose lipids biosynthesis – Microbial production and application potential, *Appl. Microbiol. Biotechnol.*, 51: 22-32.
140. **Lang S., et F. Wagner (1987)** Structure and properties of biosurfactants, Marcel Dekker, *Inc.,* New York, pp: 21–47.
141. **Langer O., O. Palme, V. Wray, H. Tokuda et S. Lang (2006)** Production and modification of bioactive biosurfactants. *Process Biochemistry*, 41: 2138-2145.
142. **Laurila M.A. (1985)** Biosurfactants production by mutants of *Pseudomonas aeruginosa*. Thèse de doctorat. Departement of biotechnology, Swiss Federal Institut of technology Zurich, Switzerland. Pp 1-10 (117p).
143. **Lawyer, F.C., Stoffel, S., Saiki, R.K., Myambo, K., Drummond, R., et Gelfand, D.H. (1989)** Isolation, characterization, and expression in *Escherichia coli* of the DNA polymerase gene from Thermus aquaticus. *J Biol Chem* 264: 6427-6437.
144. **Le Borgne S., Paniagua D.et Vazquez-Duhalt R. (2008)** Biodegradation of Organic Pollutants by Halophilic Bacteria and Archaea, *J Mol Microbiol Biotechnol*, 15:74–92
145. **Lee, L.H., et J.H. Kim. (1993)** Distribution of substrate carbon in sophorose lipid production by *Torulopsis bombicola. Biotechnol. Lett.* 15:263-266.
146. **Li, Z. Y., S. Lang, F. Wagner, L. Witte, et V. Wray. (1984)** Formation and identification of interfacial-active glycolipids from resting microbial cells of *Arthrobacter* sp. and potential use in tertiary oil recovery. *Appl. Environ Microbiol.* 48:610–617.
147. **Lıgia R. Rodrigues Teixeira. H.C Vandex Mei., R, oliveira., (2006)** Isolation and partial characterization of a biosurfactant produced by *Streptococcus thermophilus* A, Colloids and Surfaces B: Biointerfaces. 53. 105–112
148. **Lillo, J. G. et F. Rodriguez-Valera (1990)** Effects of culture conditions on poly-fi-hydroxybutyric acid production of *Haloferax mediterranei. Appl. En-viron. Microbiol.* 56:2517-2521.
149. **Lizama R., Dyall-Smith M.L., Franzmann Y. (2000)** Taxonomy of the family *Halobacteriaceae. J. Gen. Appl. Microbiol.*, 41: 333-350.

150. **Lobasso S., Lopalco P., Mascolo G. et Corcelli A (2008)** Lipids of the ultra-thin square halophilic archaeon *Haloquadratum . Walsbyi . Archaea* 2, 177–183
151. **Lozach E. (2001)** Le sel et les micro-organismes. Thèse de doctorat, Ecole Nationale Veterinaire d'Alfort, Maisons-Alfort, 98p.

M

152. **MacElwee, C. G., H. Lee, et J. T. Trevors. (1990)** Production of extracellular emulsifying agent by *Pseudomonas aeruginosa* UG-1. *J. Ind. Microbiol* 5:25–52.
153. **Madigan, M.T., Martinko, J.M. et Parker, J. Brock, (1997)** Biology of Microorganisms, Prentice Hall, 8th Edition.
154. **Maier RM (2003)** Biosurfactants: evolution and diversity in bacteria. *Adv.Appl. Microbiol.* 5: 101–121.
155. **Makarova K.S. et Koonin E.V. (2003)** *Genome Biology*, Volume 4, Issue 8, Article 115.
156. **Makkar R.S. et S.S. Cameotra (2002)** An update on the use of unconventional substrates for biosurfactant production and their new applications, *Appl. Microbiol. Biotechnol.*, 58: 428-434.
157. **Maneerat, S. (2005)** Production of biosurfactants using substrates from renewable resources Songklanakarin. *J. Sci. Technol.*, 27, 675-683.
158. **Manresa M.A., J. Bbastida, M.E. Mercadé, M. Robert, C. Deanrés, M.J Espuny et J. Guinea (1991).** Kinetic studies on surfactant production by *Pseudomonas aeruginosa* 44T1, *J. Industrial Microbiology*, 8: 133- 136.
159. **Margesin R. et F.F. Shiner (2001)** Potential of halotolerant and halophilic microorganisms for Biotechnology in extremophiles. *J. Biotech*, 5: 73-83.
160. **Mata-Sandoval J.C., J. Karns et A. Torrents (2002)** Influence of rhamnolipides and Triton X-100 on the desorption of peticides from soils, *Environ. Sci. Technol.*, 36 (21): 4669-4675.
161. **McGenity T.J., R.T. Gemmell & W.D. Grant (1998).** Proposal of a new halobacterial genus *Natrinema* gen. nov., with two species *Natrinema pellirubrum* nom. nov. and *Natrinema pallidum* nom.nov. *Int J Syst Bacteriol*, 48: 1187-1196.
162. **McInerney, M. J., M. Javaheri, et D. P. Nagle. (1990)** Properties of the biosurfactant produced by *Bacillus licheniformis* strain JF-2. *J. Ind. Microbiol.* 5:95–102.
163. **Menezes Bentoa F., de Oliveira Camargoa F.A., Okekeb B.C., Frankenberger Jr W.T.(2005)** Diversity of biosurfactant producing microorganisms isolated from soils contaminated with diesel oil. *Microbiological Research.* 160 249-255.
164. **Mercadé M.E. et M.A. Manresa (1994)** The use of agroindustrial by-products for biosurfactant production, *J.A.O.C.S.*, 71.1: 61-64.
165. Milner, H.H. (1951) *J.A.O.C.S.* 28 :363.
166. **Milva, P., A. Casoro., G, Liut., F. Baldi., (2004)** An antartic psychrotrophic bacterium *Halomonas. Sp* ANT-3b, growing on n- hexadecane, produces a new emulsifying glycolipid. *FEMS Microbiology Ecology* 53: 157-166.

167. **Minegishi H., Mizuki T., Echigo A., Fukushima T., Kamekura M. et Usami R. (2008)** Acidophilic haloarchaeal strains are isolated from various solar salts. *Saline Systems*, 4:16

168. **Minz, D, Green SJ, Flax JL, Muyzer G, Cohen Y, Wagner M, Rittmann BE, Stahl DA (1999)** Diversity in sulfate reducing bacteria in oxicand anoxic regions of a microbial mat characterized by comparative analysis of dissimilatory sulfite reductase genes. *Appl. Environ. Microbiol.* 65: 4666– 4671

169. **Miranda-Tello E, Fardeau ML, Sepúlveda J, Fernandez L, Cayol JL, Thomas P, & Ollivier B. (2003).** *Garciella nitratireducens* gen. nov., sp. nov., an anaerobic, thermophilic, nitrate- and thiosulfate-reducing bacterium isolated from an iolfield separator in the Gulf of Mexico. *IJSEM* . 53, 1509-1514.

170. **Montalvo-Rodriguer R., R.H. Vreeland, A. Oren, M. Kessel, Betancourt C. et J. Lopez-Garriga (1998)** *Halogeometricum borinquense* gen. nov., sp. nov., a novel halophilic archaeon from Puerto Rico. *Int. J. Syst. Bacteriol.*, 48: 1305-1312.

171. **Morita T., Konishi M., Fukuoka T. Imura T. & Kitamoto D. (2006)** Discovery of *Pseudozyma rugulosa* NBRC 10877 as a novel producer of the glycolipid biosurfactants, mannosylerythritol lipids, based on rDNA sequence. *Appl Microbiol Biotechnol* DOI 10.1007/s00253-006-0466-7.

172. **Mouné S., Manac'h N., Hirschler A., Caumette P., Willison J. C., Matheron R. (1999)** *Haloanaerobacter salinarius* sp. nov., a novel halophilic fermentative bacterium that reduces glycine-betaine to trimethylamine with hydrogen or serine as electron donors; emendation of the genus *Haloanaerobacter*. *International Journal of Systematic Bacteriology*, 49, pp.103-112.

173. **Mukherjee S., Das P. et Sen R. (2006)** Towards commercial production of microbial surfactants, *TRENDS in Biotechnology* Vol. xxx, No .xdoi: 10.1016/ j. tibtech. 2006. 09. 005.

174. **Mulligan C.N., Young R.N. et B.F. Gibbs (2001)** Surfactant-enhanced remediation of contaminated soil: a review, *Engineering Geology*, 60: 371-380

175. **Mulligan. C., et Gibbs. B., (2002)** Type, Production and Applications of biosurfactants, *Civil and Environmental engineering, Concordia University*. 1pp : 31-55

176. **Murguia M.C., Cristaldi M.D., Porto A., Di Conza J. et Grau R.J. (2008)** Synthesis, Surface-Active Properties, and Antimicrobial Activities of New Neutral and Cationic Trimeric Surfactants *J Surfact Deterg*. 11:41–48.

N

177. **Nitschke M. et Pastore G.M. (2006)** Production and proprieties of a surfactant obtained from *Bacillus subtilis* grown on cassava wastewater. *Bioresour Technol* 97:336-341.

178. **Nitschke M., Haddad R., Costa GAN, Gilioli R., Meurer EC., Gatti M.S. (2004)** Structural characterization and biological properties of lipopetide surfactant produced by *Bacillus subtilis* on cassava wastewater medium. *Food Sci Biotechhnol* 13:591-596.

179. **Noah, K. S. et al., (2002)** Development of continuous surfactin production frompotato process effluent by *Bacillus subtilis* in an airlift reactor. *Appl. Biochem. Biotechnol.* 98–100, 803–813.

180. **Noll K.M. (1992)** Archaebacteria (*Archaea*). *Encyclopedia of microbiology*, 1:149-160.

O

181. **Ollivier D, L.J. Cayol, BKC, Patel, E. Ageron, P.A.D. Grimont, G. Prensier et J.L Garcia (1995)** *Haloanaérobium Lacusroseus* sp. Nov an extremely halophilic fermentative bacterium from the sediments of a hypersaline lake. International journal of systematic bacteriology. pp: 790 – 797.

182. **Oren A., P. Gurevich, T.R. Gemmell et A. Teske (1995)** *Halobaculum gomorrense* gen. nov., sp. Nov., a novel extremely Halophilic from the dead sea. *International journal pf systematic bacteriology,* 4: 747- 754.

183. **Oren A. (1983)** *Halobacterium sodomense* sp. nov., a Dead Sea *Halobacterium* with an extremely high magnesium requirement. *Int. J. Syst. Bacteriol,* 33: 381–386.

184. **Oren A. (2006)** Life at high salt concentrations. In The Prokaryotes. A Handbook on the Biology of Bacteria: Ecophysiology and Biochemistry Volume 2. Edited by: Dworkin M, Falkow S, Rosenberg E, Schleifer K-H, Stackebrandt E. New York: Springer; 263-282.

185. **Oren A. (2008)** Microbial life at high salt concentrations: phylogenetic and metabolic diversity. *Saline Systems*, 4:2

186. **Oren A. , Antonio Ventosa, M. Carmen Gutierrez et Masahiro Kamekura (1999)**, *Haloarcula quadrata* sp. nov., a square, motile archaeon isolated from a brine pool in Sinai (Egypt), *International Journal of Systematic Bacteriology*, 49, 1149–1155

187. **Oren A. , P. Gurevich, M. Azachi, Y. Hents (1992)** *Biodegradation* 3. 387.

188. **Oren A. et A. Ventosa (2000)** International Committee on Systematic Bacteriology Subcommittee on the taxonomy of *Halobacteriaceae*». *Int J Syst Evol Microbiol* 50: 1405-1407.

189. **Oren A., A. Ventosa et W.D. Grant (1997)** Proposed Minimal Standards for Description of New Taxa in the Order *Halobacteriales. International Journal of systematic Bacteriology,* 47: 233 – 238.

190. **Oren A., Arahal A.D et Ventosa A. (2009)** Emended descriptions of genera of the family Halobacteriaceae. *International Journal of Systematic and Evolutionary Microbiology,* 59, 637–642

191. **Oren A., R. Elevi, S. Watanabe, K. Ihara, et A. Corcelli (2002)** *Halomicrobium mukohataei* gen. Nov., comb. Nov., and emended description of *Halomicrobium mukohataei* ».*International Journal of systematic and evolutioary Microbiology,* 52: 1831-1835.

192. **Ovreas L., Daae F. L., Torsvik V., Rodriguez-Valera F. (2003)** Characterization of microbial diversity in hypersaline environments by melting profiles and reassociation kinetics in combination with terminal restriction fragment length polymorphism (T-RFLP). *Microbial Ecology,* 46, 3, pp.291-301.

P

193. **Page C.A, Bonner J.S, S.A. Kanga, M.A. Mills et R.L. Auteurieth (1999)** Biosurfactant solubilization of polycyclic-aromatic hydrocarbons, *Environmental Engineering Science*, 16(6): 465-474.
194. **Panagiotis L.K., N.C. Papandreou et S.J. Hamodrakas (2007)** Haloadaptation: Insights from comparative modelling studies of halophilic archaeal DHFRs. *International Journal of Biological Macromolecules*, 41: 447-453.
195. **Parra J.L., J. Guinea, M. A. Manresa, M. Robert, M.E. Mercadé, F. Comelles et M.P. Bosch (1989)** Chemical characterization and physicochemical behaviour of biosurfactants. *J. Am. Oil Chem. Soc.* 66: 141–145.
196. **Pattanathu K.S.M et Gakpe E. (2008)** Production, Characterisation and Applications of Biosurfactants-Review. *Biotechnology* 7(2): 360-370.
197. **Peypoux F., Bonmatin J.M et Wallach J. (1999)** Recent trends in the biochemistry of surfactin, mini review *App. Microbiol. Biotechnol.* 51. pp: 553-563.
198. **Podar M. et Reysenbach A. L. (2006)** New opportunities revealed by biotechnological explorations of extrémophiles. *Current Opinion in Biotechnology*, 17:250–255.
199. **Post.F. J. et Collins. N. F. (1982)** A preleminary investigation of the membrane lipid of *Halobacterium halobium* as food additive. *J Food.Biochem.* 6: 25-38.

R

200. **Rappé M. S., Giovannoni S. J. (2003)** The uncultured microbial majority. *Annual Review of Microbiology*, 57, pp.369-394.
201. **Ratledge C. et S.G. Wilkinson (1988)** Fatty acids, related and derived lipids. In: Ratledge, C., Wilkinson, S.G. (Eds), Microbial lipids, Vol. 1. Academic Press, London, pp: 23-53.
202. **Razafindralambo H., M. Paquot, A. Baniel, Y. Popineau, C. Hbid, P. Jacques, et P. Thonart (1996)** Foaming properties of surfactin, a lipopeptide biosurfactant from *Bacillus subtilis*. *J. Am. Oil Chem. Soc.* 73:149–151.
203. **Robert M., M.E. Mercadé, M.P. Bosch, J. L. Parra, M. J. Espuny, M.A. Manresa et J. Guinea (1989)** Effect of the carbon source on biosurfactant production by *Pseudomonas aeruginosa* 44T. *Biotechnol. Lett*, 11:871–874.
204. **Robinson J.L., Pyzyna B, Atrasz R.G., Henderson C.A., Morrill K.L., Burd A.M., DeSoucy E., Fogleman III R.E., Naylor J.B., Steele S.M., Elliott D.R., Kathryn J. L.et Shand R.F. (2005)** Growth Kinetics of Extremely Halophilic Archaea (Family Halobacteriaceae) as Revealed by Arrhenius Plots. *Jou of Bacteriology*, Vol. 187, No. 3, p. 923-929.
205. **Rodier J, (1996)** L'analyse de l'eau: Eaux naturelles, Eaux résiduaires, Eaux de mer : physico-chimie, bactériologie et biologie, Ed. Dunod, Paris, France, 1383p
206. **Rodrigues LR, Teixeira JA, Van Der Mei HC, Oliveira R (2006)** Isolation and partial characterisation of a biosurfactant produced by *Streptococcus thermophilus* A. *Colloids Surf B Biointerfaces* 53:105–112. doi:10.1016/j.colsurfb.2006.08.009
207. **Ron E.Z. et E. Rosenberg (2002)** Biosurfactants and oil remediation, *Current Opinion in Biotechnology*, 3: 249-252.

208. **Rosenberg E. et E.Z. Ron (1999)** Exploiting microbial growth on hydrocarbon: new Markets. *Trends Biotechnol*, 11:419–424.
209. **Rosenberg, E. et Ron, E. Z.,** (1999) High- and low-molecular-mass microbial surfactants. *Appl. Microbiol. Biotechnol*, 52: 154–162.
210. **Ross H. N., M.D. Collins, B.J. Tindall et W.D. Grant (1981)** A rapid procedure for he detection of Archaebacterial lipids in halophilic bacteria. *Journal of general Microbiolog,.* 123: 75 – 80.
211. **Rufino R. D., Sarubbo Æ L.A. et Campos-Takaki Æ G. M (2007)** Enhancement of stability of biosurfactant produced by *Candida lipolytica* using industrial residue as substrate. *World J Microbiol Biotechnol* .23:729–734.

S

212. **Sadouk Z., Tazrouti A. et H. Hacéne (2008)** Biodegration of diesel oil and Biosynthesis of Fatty Acid Esters by Newly isolated *Pseudomonas citronellolis* KHA. *World journal of Microbiology and Biotecnnoloy.* DOI. 1007/S1274-008-9863-7.
213. **Saitou N. et Nei M. (1987)** The neighbour-joining method: a new method for reconstructing phylogenetic trees. *Mol. Biol. Evol.* 4(4):406-25.
214. **Satyanarayana T., Raghukumar C. et Shivaji S. (2005)** Extremophilic microbes: Diversity and Perspectives. *Current Science*, 89, 1. 78-90.
215. **Savage KN, Krumholz LR, Oren A, Elshahed MS (2007)** *Haladaptatus paucihalophilus* gen. nov., sp. nov., a halophilic archaeon isolated from a low-salt, high-sulfide spring. *Int J Syst Evol Microbiol* ,57:19-24.
216. **Savage KN, Krumholz LR, Oren A, Elshahed MS (2008)** *Halosarcina pallida* gen. nov., sp. nov., a halophilic archaeon isolated from a lowsalt, sulfide-rich spring. *Int J Syst Evol Microbiol,* in press.
217. **Sehgal S.N. et Gibbons N.E. (1960)** Effects of metal ions of the grouwth *Halobacterium cutirubrum*. *Can. J. Microbial.* Pp: 165- 169.
218. **Sen, R. et Swaminathan, T., (2005)** Characterization of concentration and purification parameters and operating conditions for the smallscale recovery of surfactin. *Process Biochem.* 40, 2953–2958.
219. **Shepperd J.D. et et Mulligan C.N. (1987)** The production of surfactin by *Bacillus subtilis* grown on peat hydrolysate. *Appl Microbiol Biotechnol 27:110-116*.
220. **Singh, A., Van Hamme, J. D. et Ward, O. P. (2007)** Surfactants in microbiology and biotechnology. *Biotechnol. Adv.*, 25: 99–122.
221. **Singleton P. (1996)** Bactériologie. 4ème ed, Dunod, pp: 75- 80, 356- 362.
222. **Skerman V.B.D., V. McGowan and P.H.A. Sneath (1980).** Approved Lists of Bacterial Names. *Int. J. Syst. Bacteriol.*, 30: 225-420.
223. **Sorensen K.B., Canfield D.E. et Oren A. (2004)** Salinity Responses of Benthic Microbial Communities in a Solar Saltern (Eilat, Israel). *Appl. Environ. Microbiol*, Vol. 70, No 3. p. 1608–1616.
224. **Sørensen K.B., Canfield D.E. et Oren A. (2004)** Salinity Responses of Benthic Microbial Communities in a Solar Saltern (Eilat, Israel). *Appl. Environ. Microbiol*, Vol. 70, No 3. p. 1608–1616.
225. **Spencer J.F.T., D.M. Spencer et A.P. Tulloch (1979)** Extracellular glycolipds of yests. In Economic Microbiology Biology, Secondary production of metabolisms. *Economic Microbiology,* 3: 523–540.

226. **Spoeckner S., V. Wray, M. Nimtz et S. Lang (1999)** Glycolipids of the smut fungus *Ustilago maydis* from cultivation on renewable resources. *App. Microbiol. Biotechnol*, 51: 33-39.
227. **Stan-Lotter H., T.J. McGenity, A. Legat, E.B.M. Denner, K. Glaser, Stetter K. et Wanner G.** (1999) Very similar strains of *Halococcus salifodinae* are found in geographically separated permo-Triassic salt deposits. *Microbiology*, 145: 3565-3574.
228. **Stuart E.S., F. Morched, M. Sremac et S. DasSarma (2001)** Antigen presentation using novel particulate organelles from halophilic *Archaea. J. of Biotech*, 88: 119-128.
229. **Sudhakar Babu, P., A.N. Vaidya, A.S. Bal, R. Kapur, A. Juwarkar et P. Khanna, (1996)** Kinetics of biosurfactant production by *Pseudomonas aeruginosa* strain BS2 from industrial wastes. *Biotechnol. Lett.*, 18, 263-268.
230. **Suzuki,T., H.Tanaka, et S.Itoh. (1974)** Sucrose lipids of Arthrobacteria, Corynebacteria and Nocardia grown on sucrose. *Agric. Biol. Chem.* 38:557-563.

T

231. **Tabatabaee A., M.M. Assadi, A.A. Noohi et V.A. Sajadian (2005)** Isolation of biosurfactant Producing Bacteria from Oil Reservoirs. *Iranian J. Env. Health Sci. Eng.* 2: 6-12.
232. **Tanaka M., Y. Mukohata et S. Yuasa (2000)** Differential transport proprieties of D-leucine and L-leucine in the archaeon, *Halobacterium salinarium. Can. J. Microbiol.* 46: 376-382.
233. **Tasun, K., P. Chose., Chen., (1970)** Sugar determination of DNS *methode, Bioeng.* 12, 921p.
234. **Thanamsub B., W. pumeechockchai, A. Limtrakul, P. Arunrattiyakorn, W. Petchleelaha, T. Nitoda et H. Kanzaki (2006)** Chemical structures and biological activities of rhamnolipids produced by *Pseudomonas aeruginosa* B189 isolated from milk waste.
235. **Thangamani S. et G.S. Shreve (1994)** Effect of anionic biosurfactant on hexadecane partitioning in multiphase systems, *Environ. Sci. Technol.*, 28(12): 1993-2000.
236. **Tindall B. J. (1992)** The family *Halobacteriaceae*. In *The Prokaryotes. A Handbook of Bacteria: Ecophysiology, Isolation, Identification, Applications*, 2nd edn, vol. 1, pp. 768-808. Edited by A. Balows, H. G. Tru$ per, M. Dworkin, W. Harder & K.-H. Schleifer. New York : Springer.
237. **Tindall B. J., H.N.M. Ross et W.D. Grant (1984)** *Natronobacterium* gen. nov. and *Natronococcus* gen. nov., two new genera of haloalkaliphilic archaebacteria ». *Syst. Appl. Microbiol.* 5: 41–57.
238. **Tindall B.J., H.N.M. Ross et W.D. Grant (2003)** *Natronobacterium* gen. nov. and *Natronococcus* gen. nov., two new genera of haloalkaliphilic archaebacteria ». *Syst. Appl. Microbiol.*, 5: 41-57.
239. **Torreblanca M.F., G. Rodriguez-Valera, A. Juez, A. Ventosa, M. Kamekura et M. Kates (1986)** Classification of non-alkaliphilic halobacteria based on numerical taxonomy and polar lipid composition, and description of *Haloarcula* gen. nov. and *Haloferax* gen. nov. *Syst. Appl. Microbiol* , 8: 89–99.

240. **Tortora G.J., B.R. Funke et C.L. Case (2003)** Introduction à la microbiologie. Ed. de Renouveau pédagogique Inc. pp :157- 355.

V

241. **Van de Vossenberg, J.L., Driessen, A.J., et Konings, W.N. (1998)** The essence of being extremophilic: the role of the unique archaeal membrane lipids. *Extremophiles* 2: 163-170.
242. **Van den Burg, B. (2003)** Extremophiles as a source for novel enzymes. *Curr Opin Microbiol* 6: 213-218.
243. **Van Dyke M.I., H. Lee et J.T. Trevors (1991)** Applications of microbial surfactants, *Biotechnol. Adv.*, 9: 241-252.
244. **Van Dyke M.I., P. Couture, M. Brauer, H. Lee et J.T. Trevors (1993)** *Pseudomonas aeruginosa* UG2 rhamnolipid biosurfactants: structural characterization and their use in removing hydrophobic compounds from soil, *Can. J. Microbiol.*, 39: 1071-1078.
245. **Van Hamme J.D., Singh A., Ward O.P., (2006)** Physiological aspects Part 1 in a series of papers devoted to surfactants in microbiology and biotechnology. Biotechnology Advances: 24. 604–620.
246. **Velikonja J. et N. Kosaric (1993)** Biosurfactant in food applications, p19–446. *In* N. Kosaric (ed.), Biosurfactants: production, properties, applications. *Appl. Biochem.* 23:13–18
247. **Ventosa A. et J.J. Neito (1995)** Biotechnological application and potentialities of halophilic microorganims. *Word. J. Microbial. Technol*, 11 : 85-94.
248. **Vipulanandan C. et X. Ren (2000)** Enhanced solubility and biodegradation of naphthalene with biosurfactant, *Journal of Environmental Engineering*, 126.7: 629-634.
249. **Vreeland R.H. et Hochstein L.I.(1993)** The Biology of Halophilic Bacteria. CRC Press, Inc;
250. **Vreeland R.H., S. Straight, J. Krammes, K. Dougherty, W.D Rosenzweig et M. Kamekura (2002)** *Halosimplex carlsbadense* gen. nov., sp. nov., a unique halophilic archaeon, with three 16S RNAr genes, that grows only in defined medium with glycerol and acetate or pyruvate. *Extremophiles*, 6: 445-452.

W

251. **Wagner F. et S. Lang (1996)** Microbial and enzymatic synthesis of interfacial active glycolipids. *Word. J. Microbial. Technol*,1: 124-137.
252. **Waino M., B. J. Tindall et K. Ingvorsen (2000)** *Halorhabdus utahensis* gen. nov., sp. nov., an aerobic, extremely halophilic member of the *Archaea* from Great Salt Lake, Utah. *Int. J. Syst. Evol. Microbiol.*, 50: 183-190.
253. **Ward DM, Brock TD (1978)** Hydrocarbon biodegradation in hypersaline environments. *Appl Environ Microbiol* 35:353–359
254. **Welsh D. T., Lindsay Y. E., Caumette P., Herbert R. A., Hannan J. (1996)** Identification of trehalose and glycine betaine as compatible solutes in the moderately halophilic sulfate reducing bacterium, *Desulfovibrio halophilus*. *Fems Microbiology Letters*, 140, 2-3, pp.203-207.
255. **West C.C. et J.H. Harwell (1992)** Surfactants and subsurface remediation, *Environ. Sci. Technol.*, 36.(12): 2324-2330.

256. **Woese, C. R. et Fox, G. E. (1977)** Phylogenetic structure of the prokaryotic domain: theprimary kingdoms. *Proc Natl Acad Sci U S A* 74, 5088-90

257. **Wright A.D.G. (2006)** Phylogenetic relationships within the order Halobacteriales inferred from 16S rRNA gene sequences. *International Journal of Systematic and Evolutionary Microbiology*, 56, 1223–1227.

X

258. **Xin H., T. Itoh, P. Zhou, K.I. Suzuki, M. Kamekura et T. Nakase (2000)** *Netrinema versiforme* sp. Nov., an extremely halophilic archeaon from Aibi salt lake, Xinjiang, China. *Int. J. Synst. Evol. Evol. Microbiol.* 50: 1297-1303.

259. **Xu Y., Z. Wang,Y. Xue, P. Zhou, Y. Ma, A. Ventosa et W.D.Grant (1999).** *Natrialba hulunbeirensis* sp. nov. and *Natrialba chahannaoensis* sp. nov., novel haloalkaliphilic archaea from soda lakes in Inner Mongolia Autonomous Region, China. *Int. J. Syst. Evol. Microbiol.*, 51: 1693-1698.

260. **Xue Y., H. Fan, A. Ventosa, W.D. Grant, B.E. Jones, D.A. Cowan et Y. Ma (2005)** *Halalkalicoccus tibetensis* gen. nov., sp. nov., representing a novel genus of haloalkaliphilic *Archaea*. *Int. J. Syst. Evol. Microbiol.*, 55: 2501-2505.

Y

261. **Yakimov M.M., Abraham W.-R., Meyer H., Giuliano L. et Golyshin P.N., (1999).** Structural characterization of lichenysin A components by fast atom bombardment tandem mass spectrometry. *Biochim. Biophys. Acta*, 1438: 273-280.

262. **Yakimov M.M., K.N. Timmis, V. Wray et H.L. Fredrickson (1995).** Characterization of a new lipopeptide surfactant produced by thermotolerant and halotolerant subsurface *Bacillus licheniformis* BAS50. *Appl. Environ. Microbiol.* 61: 1706–1713.

263. **Youssef N., Simpson D. R., Duncan K. E., McInerney M. J. Folmsbee M.,Fincher T. et Knapp R. M. (2007)** In Situ Biosurfactant Production by *Bacillus* Strains Injected into a Limestone Petroleum Reservoir. *Appl. Environ. Microbiol*, 73.4 :1239–1247.

Z

264. **Zajic J.E. et A.Y. Mahomedy (1984)** Biosurfactants intermediate in the biosynthesis of Amphipathic molecule in microbs. Chapter six in Petroleum microbiology. Ed. Ronald N. Atlas. pp: 221-281.

ANNEXES

Annexe 1

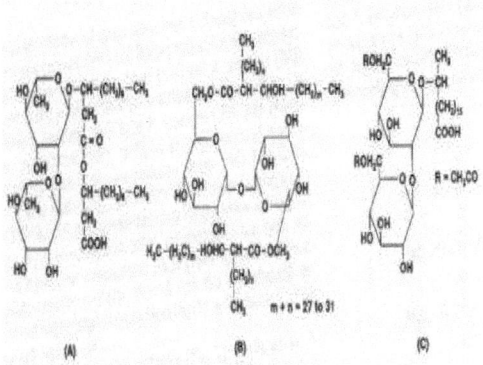

Figure 41 : Structures de quelques biosurfactants glycolipidiques. (A) rhamnolipide de type I produit par *Pseudomonas aeruginosa*. (B) tréhalose dimycolate par *Rhodococcus erythropolis*. (C) sophorolipide par *Torulopsis bombicola* (Fiechter, 1992).

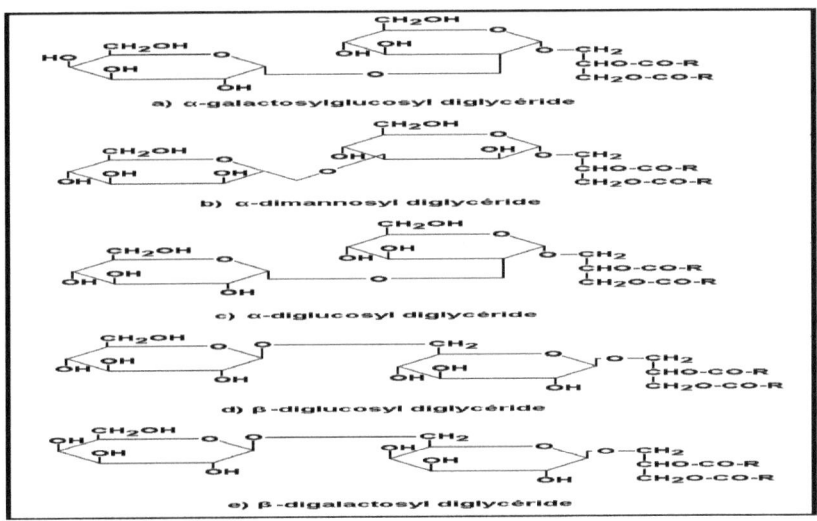

Figure 42 : Structure des cinq types majeurs de diglycosyl diglycérides isolés chez les bactéries Gram positif (Zajic et Mahomedy, 1984).

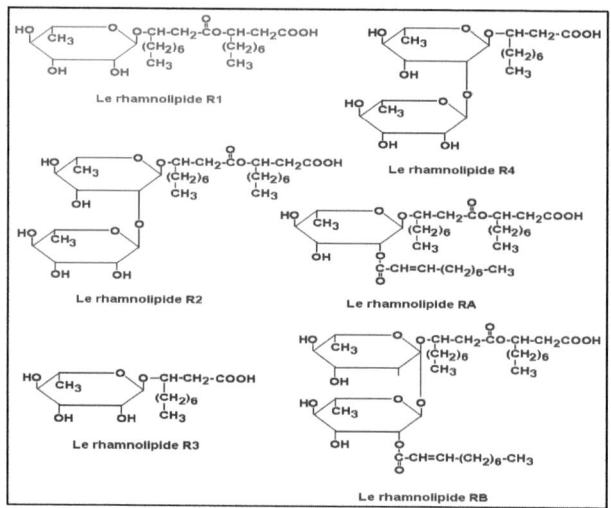

Figure 43 : Structures des rhamnolipides R1, R2 R3, R4, RA et RB produits par *Pseudomonas aeruginosa* (Lang et Wullbrandt, 1999).

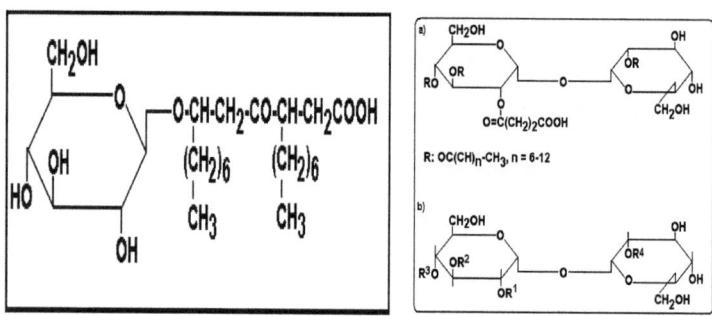

Figure 44 : Structures du glucose-lipide synthétisé par *Serratia rubideae (à gauche)* et des tréhaloses lipides produits par *Rhodococcus erythropolis* DSM 43215 et *Arthrobacter sp.* EK 1 (a) et par *R. erythropolis* SD -74 (b) *(à droite)* (Wagner et Lang, 1996).

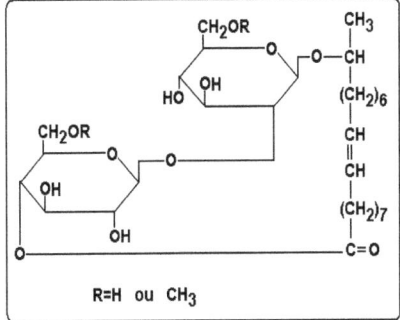 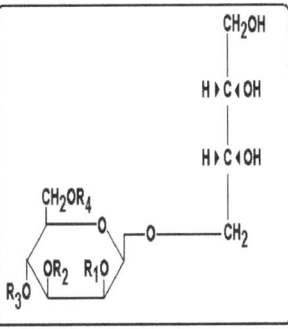

Figure 45 :Structure de sophrolipide produit par *Candida bombicola* ATCC 22214 *(à gauche)* et du mannosyl érythritol lipide produit par *Candida antarctica* T-34 *(à droite)* (Wagner et Lang, 1996).

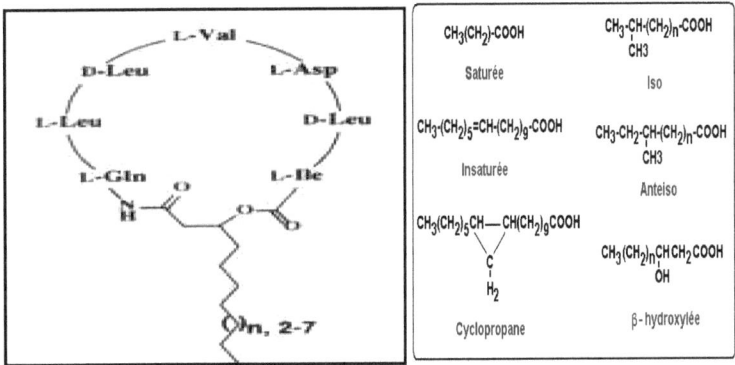

Figure 46 : Structure générale de la lichenysine A (Yakimov et al., 1999) *(à gauche) et* des acides gras *(à droite)* (Zajic et Mahomedy, 1984).

Annexe 2

Tableau XIX : 28 genres de la famille des *Halobacteriaceae*

Genre	Nombre d'espèces	Références
1. *Haladaptatus*	01	Savage et al. (2007)
2. *Halalkalicoccus*	03	Xue et al. (2005)
3. *Haloacalophilium*	01	Lizama et al. (2000)
4. *Haloarcula*	43	Javor et al. (1982), Torreblanca et al. (1986)
5. *Halobacterium*	47	Elazari-Volcani (1957)
6. *Halobaculum*	01	Oren et al. (1995)
7. *Halobiforma*	03	Hezayen et al. (2002)
8. *Halococcus*	10	Skerman et al. (1980)
9. *Haloferax*	50	Torreblanca et al. (1986)
10. *Halogeometricum*	02	Montalvo-Rodriguez et al. (1998)
11. *Halomicrobium*	03	Oren et al. (2002)
12. *Halopiger*	01	Castillo et al. (unpublished_2006c)
13. *Haloplanus*	01	Elvir-Bar et al. (unpublished_2006), Burns et al. (2007)
14. *Haloquadratum*	01	Burns et al. (2007)
15. *Halorhabdus*	01	Waino et al. (2002)
16. *Halorubru*	93	Oren et ventosa (1996)
17. *Halosarcina*	01	Savage et al. (2008)
18. *Halosimplex*	01	Vreeland et al. (2002)
19. *Halostagnicola*	01	Castillo et al. (2006)
20. *Haloterrigena*	14	Oren et Ventosa (2000), Tindall (2003)
21. *Halovivax*	02	Castillo et al. (2006 ;2007)
22. *Natrialba*	14	Kamekura et Dyall-Smith (1995)
23. *Natrinema*	21	McGenity et al. (1998), Tindall (2003)
24. *Natronobacterium*	08	Tindall et al. (1984)
25. *Natronococcus*	14	Tindall et al. (1984)
26. *Natronolimnobius*	02	Itoh et al. (2005)
27. *Natronomonas*	01	Kamekura et al. (1997)
28. *Natronorubrum*	07	Xu et al. (1999)

Annexe 3   Tableau XX : Composition des lipides polaires chez les *Halobacteriaceae*

Genres	Espèces	Lipides polaires	Références
Halobaculum	Halobaculum salinarum Halobaculumgomorrense	S-TGD-1, S-TeGD S-DGD-1	Kamekura, 1998 Kamekura et Kates, 1999
Halorubrum	Halorubrum saccharovorum Halorubrum sodomense Halorubrum lacusprofundi Halorubrum coriense Halorubrum distributum Halorubrum vacuolatum Halorubrum trapanicum	S-DGD-3 S-DGD-3 S-DGD-3 S-DGD-3 S-DGD-3 S-DGD-5	Kamekura, 1998 Kamekura et Kates, 1999 Oren et al., 1997
Haloarcula	Haloarcula vallismortis Haloarcula marismortui Haloarcula hispanica Haloarcula japonica Haloarcula argentiensis Haloarcula mukohatei Haloarcula quadrata	TGD-2, DGD-2 TGD-2, DGD-2 TGD-2, DGD-2 TGD-2, DGD-2 TGD-2, DGD-2 S-TGD-2, DGD-2 TGD-2, DGD-2	Kamekura, 1998 Kamekura et Kates, 1999 Oren et al., 1997
Natronomonas	Natronomonas pharaoni	Néant	Kamekura et Kates, 1999 Kalmekura et al., 1997
Halococcus	Halococcus morrhuae Halococcus saccharolyticus Halococcus salifodinae Halococcus tibetense Halococcus dombrowskii	S-DGD-1, P-DGD S-DGD-1, P-DGD S-DGD-1, P-DGD S-DGD-1, P-DGD S-DGD-1, P-DGD	Kalmekura, 1998 Kamekura et Kates, 1999
Natrialba	Natrialba asiatica Natrialba magadii	DGD-4, S_2-DGD-1 S_2-DGD-1	Kalmekura, 1998 Kamekura et Kates, 1999
Natronobacterium	Natronobacterium gregoryi	DGD-4	Kamekura et Kates, 1999
Halogeometricum	Halogeometricum Borinquene	Glycolipide non identifié	Kamekura et Kates, 1999
Natronococcus	Natronococcus occultus Natronococcus amylolyticus	Néants Néants	Kamekura et Kates, 1999
Haloferax	Haloferax volcanii Haloferax gibsonienne Haloferax denitrificans Haloferax mediterranei	S-DGD-1 S-DGD-1 S-DGD-1 S-DGD-1	Kamekura, 1998 Kamekura et Kates, 1999 Oren et al.,

			1997	
Natrinema	Natrinema pellirubrum Natrinema pallidum Natrinema versiforme	Glycolipides non identifiés	Kamekura et Kates, 1999 Xin et al., 2000	
Haloterrigena	Haloterrigena turkmenica Haloterrigena thermotolerans	S_2-DGD-1 S_2-DGD-1	Kamekura et Kates, 1999 Montalvo-Rodriguez et al., 1998	
Natronorubrum	Natronorubrum bangense Natronorubrumtibetense	Dérivé de phosphatidylglycérol et de phosphatidyl-glycérolphosphate	Xu et al., 1999	
Halorhabdus	Halorhabdus utahensis	Phosphatidylglycérol, dérivés méthylés du diphosphatidylglycérol, triglycosyldiéthers et triglycosyldiéthers sulfatés	Waino et al., 2000	

DGD : diglycosyldiéther, TGD : triglycosyl-glycéroldiéther, P-TGD : phospho- triglycosyl-glycéroldiéther, S-DGD : diglycosyldiéther sulfate.

Annexe 4

Sebkha de Beni Maouche

La région étudiée est le chott de Imalahen située dans la commune de Beni Maouche qui est une commune de latitude 36°28', et longitude de 4°45', dans la Wilaya de Bejaia. Elle est limité du Nord Est par Ait Djellil et M'Cisna, au Sud par Willaya de Borj bou arrerij, à l'Est par Amalou et Seddouk (Figure 51).

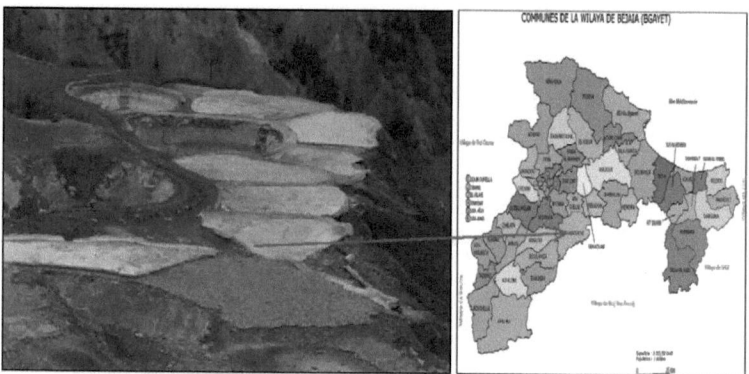

Figure 47 : Situation géographique de la région de Beni Maouche (Google maps).

Cette Sebkha est alimentée par les eaux de précipitation. Quant aux conditions climatiques, celles-ci ont une influence directe sur la distribution de la biodiversité microbienne d'un biotope, il est donc nécessaire de donner un aperçu sur le climat de cette région pour l'année (2004-2005). Ces donnés nous ont été fournis par la station météologique de Dar EL Beida.

Les températures mensuelles varient de 12.7 C° en février (un minimum de 9.5C° et un maximum de 16.8 C°), au mois d'août à 26.4 C° (minimum de 23 C° et maximum de 30.1 C°) et une moyenne annuelle de 20.1C°. Les précipitations sont fortes (641.2 mm/an). Elles s'étalent entre les mois de janvier, février, et décembre et elles sont moyennes durant les autres mois de l'année. L'évaporation annuelle est de l'ordre de 912 mm/an.

Annexe 5
Sebkha d'In Salah

Sebkha située à coté de la grande sebkha de Mekerrhane du coté sud ouest de la ville de In Salah, wilaya de tamanresset (Figure 52). La région d'In Salah est de latitude: 27° 13' 35" N et de longitude : 2° 25' 03" E, région subsaharienne de l'Algérie avec un climat qui est pratiquement sans pluie. Pendant l'été, les températures sont toujours élevées avec les indices de chaleur atteignant des niveaux extrêmes des quatre mois de l'année mais à la tombée de la nuit la température devient assez très basse.

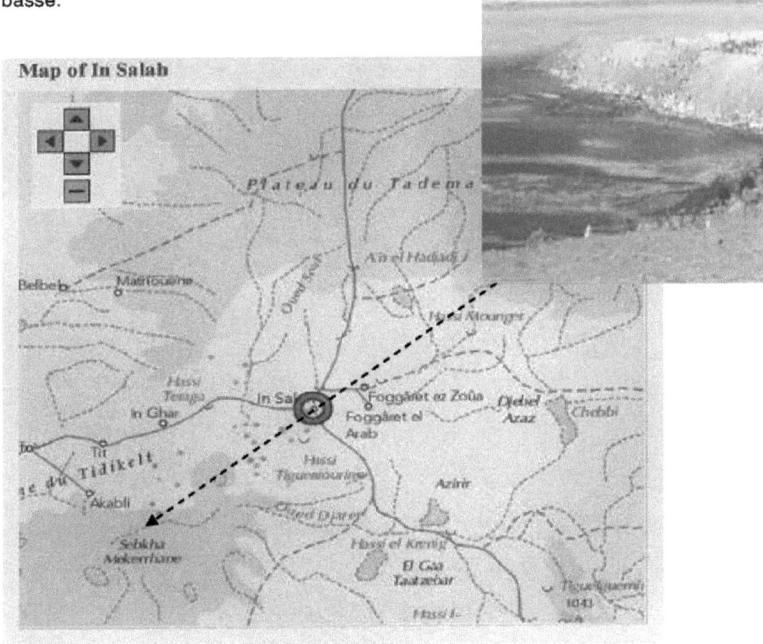

Figure48: Situation géographique de la région de In Salah (collins maps).

Annexe 6

Eaux de gisement et eaux d'injection

Il arrive souvent, que la pression statique absolue en tête de puits de pétrole diminue rapidement au cours de l'exploitation d'un gisement. L'extrapolation de la relation : pression production cumulée, montre que la récupération de pétrole n'atteint qu'un très faible pourcentage des réserves estimées. Dans certains cas, un procédé artificiel, permettant d'améliorer le drainage naturel, est utilisé (Grassia et *al.*, 1996).

Pour réaliser la récupération secondaire de pétrole, de l'eau sous pression est injectée, dans la formation géologique. Cette technique permet des récupérations qui dépassent souvent le double de celles obtenues par voie primaire. Cette opération dépend évidemment en premier lieu de la perméabilité de la roche réservoir du gisement pétrolier et de la nature de l'eau d'injection (Figure 53). L'injection d'eau a pour but d'éliminer l'eau souvent salée produite avec le pétrole, quand son élimination est impossible en surface, d'améliorer le balayage latéral ou vertical des zones productrices, d'éliminer par conséquent les tensions interfaciales qui sont responsables de la saturation résiduelle de la roche réservoir en pétrole et enfin d'améliorer la récupération du pétrole par poussée radicale à partir des puits d'injection vers les puits de production. Ceci permet le maintien de pression pour favoriser une récupération suffisante de pétrole (Grassia et *al.*, 1996).

Tous les pétroles, lorsqu'ils sont extraits de leurs gisements, sont accompagnés de gaz et d'eau salée. Sur les lieux de production, on procède à un dégazage et à une décantation pour ne conserver que la fraction huile liquide avant son transport par oléoduc. Cependant, une certaine quantité d'eau salée reste en suspension dans le pétrole brut sous forme d'émulsion de quantité variable selon l'origine du brut mais souvent de l'ordre de 2 à 4 g/tonne.

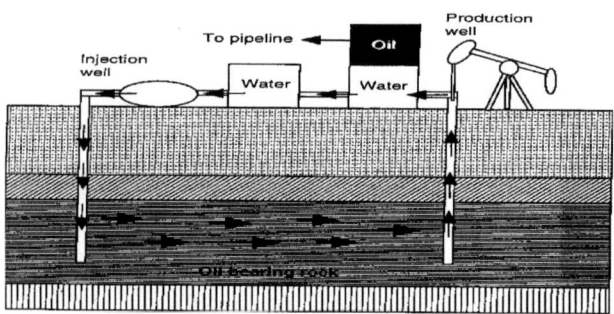

Figure 49: Procédé d'injection des eaux pour la récupération secondaire du pétrole

Annexe 7

Dosage des sucres réducteurs par la méthode de DNSA

Protocole expérimental
A partir d'une solution mère de glucose à 1 g/l, on réalise une série de dilutions selon le montre le Tableau XXI.

Tableau XXI : Préparation des dilutions pour l'élaboration de la courbe étalon des sucres réducteurs.

Tubes	Solution mère (ml)	Eau distillée (ml)	DNSA (ml)		Eau distillée (ml)
T	0,0	1,0	1,0	Chauffage au bain Marie pendant 5 min puis refroidissement à l'eau glacée	10
1	0,1	0,9	1,0		10
2	0,2	0,8	1,0		10
3	0,3	0,7	1,0		10
4	0,4	0,6	1,0		10
5	0,5	0,5	1,0		10
6	0,6	0,4	1,0		10
7	0,7	0,3	1,0		10
8	0,8	0,2	1,0		10
9	0,9	0,1	1,0		10
10	1,0	0,0	1,0		10

Dans les mêmes conditions, l'échantillon est préparé en mélangeant 1 ml de l'éluat avec 1 ml de réactif de DNSA. La lecture de la densité optique se fait à 530 nm, on se reporte ensuite à la courbe étalon pour déterminer la concentration en sucres réducteurs présents. (Figure 54).

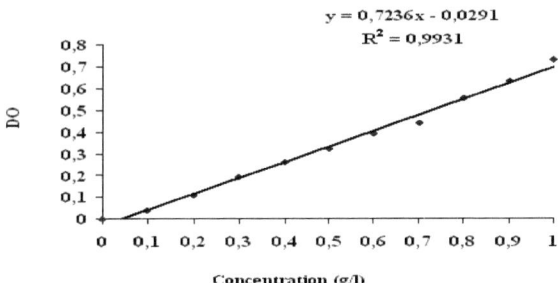

Figure 50 : Courbe étalon des sucres réducteurs obtenus à 530 nm.

Annexe 8

Dosage des protéines : Préparer une solution mère de BSA de concentration connue à savoir 2 mg /ml et à partir de cette solution mère on réalise des dilutions comme représenté dans le Tableau XXII. A partir de ces dilutions, on réalise une gamme de solutions étalons, auxquelles on ajoute le réactif de Bradford (Tableau XXIII).

Tableau XXII : Préparation des dilutions de BSA

Tubes	Volume de BSA à 2 mg /ml	Volume d'eau distillée (ml)	Concentration finale.
1	0	2	0
2	0,25	1,75	0,25
3	0,50	1,5	0,5
4	1	1	1
5	1,4	0,6	1,4

Tableau XXIII : Préparation de la gamme étalon pour le dosage des protéines

Tubes	Concentration en BSA (mg/ml)	Volume de BSA pris des dilutions (ml)	Volume du réactif de Bradford (ml)
1	2	0,1	3
2	0,25	0,1	3
3	0,5	0,1	3
4	1	0,1	3
5	1,4	0,1	3

Un volume de 0,1 de l'éluat contenant l'échantillon à doser et mélangé à 3ml du comme le montre. Une fois ces préparations sont effectuées, les tubes sont vortexés pour bien mélanger leur contenu, ils sont mis à l'abri de la lumière pendant 10 minutes. On mesure l'absorbance à 595 nm contre le blanc de la gamme étalon. La courbe étalon correspond à le régression linéaire de la densité optique (DO) en fonction de la quantité de protéines de la gamme : $DO_{595\ nm}$ = f (concentration de protéines).L'équation de la droite de régression obtenue par logiciel Excel. La quantité de protéines présentent dans notre échantillon peut alors être estimée à partir de cette équation.

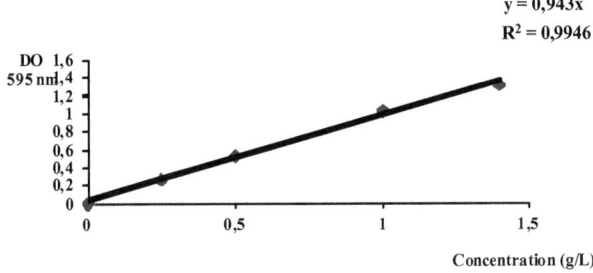

Figure 51 : Courbe d'étalonnage de la solution BSA.

Préparation de réactif de Bradford
Bleu de coomassie G 250 ....100 mg
Ethanol à 95 % ....50 ml
Acide orthophosphorique à 85 % 100ml
Eau distillée ....q.s.p..1000ml

Préparation de la solution de DNSA
1g d'acide 3,5 dinitrosalycilique est dilué dans 20 ml d'hydroxyde de sodium 2N auquel on joute 50 ml d'eau distillée et 30 g de tartrate double de sodium et de potassium. On chauffe pour avoir une bonne dissolution et le volume final est ajusté à 100 ml.

Annexe 9

Tableau XXIV : Aspect macroscopique et microscopique des souches isolées à partir de l'eau d'injection

Caractères culturaux	EIA1	EIA 2	EIA 3	EIA 4	EIT5	EIT 6	EIT 7	EIT 8
Forme	Circulaire	Circulaire	Irrégulière	Circulaire	Circulaire	Circulaire	Circulaire	Circulaire
Diamètre	> 1 mm	<1mm	< 1mm	< 1mm	> 1mm	< 1mm	> 1 mm	> 1mm
Chromogénèse	Rose	Crème	Marron	Crème blanchâtre	Crème	Crème	Crème	Crème
Consistance	Visqueuse	Visqueuse	Visqueuse	Visqueuse	Consistante	Visqueuse	Visqueuse	Visqueuse
Opacité	Opaque	Opaque	Opaque	Opaque	Opaque	Opaque	Opaque	Opaque
Contour	Régulier	Régulier	Irrégulier	Régulier	Régulier	Régulier	Régulier	Régulier
Surface	Lisse brillante	Lisse	Lisse	Lisse brillante	Rugueuse	Lisse	Lisse brillante	Lisse brillante
Elévation	Plate	Plate	Plate	Légèrement convexe	Plate	Convexe	Plate	Légèrement convexe
Micromorphologie								
Gram	+	+	+	-	-	+	+	-
Spore	-	-	+	-	-	-	-	-
Forme des cellules	Cocci	Cocci	Bacille droit	Cocci	Cocci	Cocci	Cocci	Bacille
Regroupement	En paires et en chaînettes	Paires, grappes et en amas	Chaînette	Paires, isolées et en chaînettes	Isolées	Isolées et en paires	En amas	Isolées

Annexe 9 (suite)

Tableau XXV : Résultats des tests biochimiques des souches bactériennes isolées à partir de l'eau d'injection

isolat	V.F	Catalase	Oxydase	Mobilité	Mevag	NR	VP	RM	Urée	Indole	Dégradation des acides aminés				Fermentation des sucres				Citrate
											Témoin	LDC	ODC	ADH	Glucose	Lactose	Mannitol	Saccharose	
EIA 1	AS	+	-	-	O	+	-	-	-	-	-	-	-	-	-	-	-	-	-
EIA 2	AF	+	-	-	OF	+	+	+	-	-	+	+	+	+	+	+	-	+	+
EIA 3	AF	+	-	+	OF	+	-	+	-	-	+	+	+	-	+	+	+	+	+
EIA 4	AF	+	+	-	F	+	-	+	+	-	-	-	-	-	+	+	-	-	-
EIT 5	AS	+	+	-	O	+	-	-	-	-	+	+	+	+	-	-	-	-	+
EIT 6	AS	+	+	-	O	-	-	+	-	-	+	+	+	+	-	-	-	-	-
EIT 7	AS	+	+	-	O	-	-	+	+	-	+	-	-	-	+	+	+	+	-
EIT 8	AF	+	+	+	OF	+	-	+	+	+	+	-	-	-	+	-	-	+	-

\- : négatif , + : positif, AS : aérobie stricte, AF : aéroanaérobie facultatif, O : oxydatif, OF : oxydatif fermentatif

Annexe 9 (suite)

Tableau XXVI : Aspect macroscopique, microscopique et biochimiques des souches bactériennes isolées de l'eau de gisement cultivées sur milieu SG

	Isolats	CG1	CG2	AG1	DG1	CG3
Aspect macroscopique	Forme	Circulaire	Circulaire	Circulaire	Circulaire	Circulaire
	Taille	punctiforme	Punctiforme	Punctiforme	punctiforme	punctiforme
	Chromogénèse	Beige	Rose	Jaunâtre	Jaunâtre	Blanchâtre
	Opacité	Translucide	Opaque	Opaque	Opaque	Transparente
	Elévation	Convexe	Convexe	Convexe	Convexe	Convexe
	Surface	Brillante	Lisse	Lisse brillante	Lisse	Brillante
	Contour	Régulier	Régulier	Régulier	Régulier	Irrégulier
	Consistance	Visqueuse	Visqueuse	Visqueuse	Visqueuse	Visqueuse
Aspect microscopique	Gram	-	-	+	+	-
	Forme	Cocci	Cocci irrégulier	Cocci irrégulier	Cocci	Cocci
	Arrangement	Isolé et chaînette	Isolé, paire et en chaînette	Isolé, paire	Paire, amas	Isolé et chaînette
	Mobilité	+	+	+	+	+
	Croissance à 0% de sel	+	+	+	+	+
	Catalase	nd	+	+	+	nd
	Type respiratoire	AS	Nd	AF	AF	AS

(-) : Gram négatif, (+) : Gram positif, AF : aérobie facultatif, nd : non déterminé

Annexe 9 (suite)

Tableau XXVII : Résultats de l'étude de certains caractères culturaux et biochimiques des souches halophiles isolées à partir de la sebkha d'In Salah

Isolat	A_{21}	B_{21}	C_{21}	D_{21}	E_{21}
Caractéristiques des colonies					
Diamètre	<0,5	<0,5	<0,5	<0,5	<0,5
Contour	Régulier	Régulier	Irrégulier		Irrégulier
Chromogénèse	Rose orange	Rouge orangé	Rose Rouge	Rose Rouge	Rose Orange
Opacité	Opaque	Translucide	Translucide	Translucide	Translucide
Surface	Lisse	Rugueuse	Lisse	Lisse	Lisse
Contour	Régulier	Irrégulier	Irrégulier	Régulier	Irrégulier
Consistance	Visqueuse	Visqueuse	Visqueuse	Visqueuse	Visqueuse
Elévation	Convexe	Convexe	Concave	Convexe	Concave
Caractéristiques des cellules					
Gram	-	+	-	-	-
Forme	Cocci	Bacille à spore	Cocci	Cocci	Cocci/ cocci pléomorphiques
Arrangement	Diplocoque	En paire et amas	Isolé amas	En paire	Isolé Amas

Annexe 9 (suite)

Tableau XXVIII : Résultats de l'effet de la concentration du sel NaCl sur les souches bactériennes halophiles isolées des eaux de la sebkha d'In Salah

Isolat	Concentration en sel NaCl (%) (p/v)						
	0	5	10	15	20	25	30
A_{21}	-	-	-	++	+++	+++	+++
B_{21}	++	++	++	++	++	-	-
C_{21}	-	-	+	+++	+++	+++	+++
D_{21}	-	-	+	+	++	+++	+++
E_{21}	-	-	+	+++	+++	+++	+++

(+) : Croissance avec un nombre de colonies réduit
(+++): Croissance avec un nombre de colonies important

Tableau XXIX: Résultats de l'effet de la concentration en ions Mg++ sur les souches bactériennes halophiles isolées des eaux de la sebkha de In Salah

Isolat	Concentration en ions Mg^{++} (mM) (p/v)									
	0	1	5	10	20	30	50	100	200	300
A_{21}	-	-	+	+	+++	+++	++	-	-	-
B_{21}	+	+	+	-	-	-	-	-	-	-
C_{21}	-	-	+	+	+++	+++	++	-	-	-
D_{21}	-	-	+	+	+++	+++	++	-	-	-
E_{21}	-	-	+	+	+++	+++	++	-	-	-

(+) : Croissance avec un nombre de colonies réduit
(+++): Croissance avec un nombre de colonies important

Annexe 10

Tableau XXX : *Étude des caractères culturaux des souches halophiles isolées à partir de l'eau de sebkha de Beni Maouche.*

isolats	Diamètre mm	Caractères macroscopiques des colonies							Caractères microscopiques			
		Chromogène	Opacité	Consistance	Contour	Elévation	Surface	Forme	Arrangement	Gram	mobilité
BMC 11	≤ 0.5	Rouge	Opaque	Visqueuse	Régulier	Convexe	Lisse	Cocci	Diplocoques	+	-
BMC 12	≤ 0.5	Rouge orangé	Translucide	Visqueuse	Irrégulier	Concave	Lisse	Pléomorphe	Isolé amas	-	-
BMC 13	≤ 0.1	Jaune orangé	Translucide	Visqueuse	Irrégulier	Convexe	Rugueuse	Cocci	En paire	+	-
BMC 14	≤ 0.5	Rouge orangé	Translucide	Pâteuse	Régulier	Convexe	Lisse	Cocci	En paire	+	-
BMC 15	≤ 0.1	Crème	Opaque	Visqueuse	Régulier	Convexe	Lisse	Cocci	En paire	+	-
BMC 16	≤ 0.1	Jaune blanchâtre	Opaque	Visqueuse	Régulier	Convexe	Lisse	Cocci	En paire	+	-
BMC 17	≤ 0.1	Blanchâtre	Opaque	Visqueuse	Régulier	Concave	Lisse	Cocci	En paire	+	-
BMC 18	≤ 0.1	Transparente	Translucide	Pâteuse	Régulier	Concave	Lisse	Cocci	En paire	+	-
BMC 19	≤ 0.5	Rose claire	Translucide	Visqueuse	Régulier	Convexe	Lisse	Cocci	Diplocoques	+	-
BMC 20	≤ 0.5	Blanchâtre	Opaque	Visqueuse	Régulier	Convexe	Rugueuse	Cocci	Diplocoques	+	-
BMC 21	≤ 0.1	Rouge	Opaque	Visqueuse	Régulier	Convexe	Rugueuse	Cocci et Disques	En amas	+	-
BMC 22	≤ 0.1	Rouge orangé	Opaque	Visqueuse	Irrégulier	Convexe	Lisse	Cocci	Diplocoques amas	-	-
BMC 23	≤ 0.1	Jaune	Opaque	Visqueuse	Régulier	Convexe	Lisse	Cocci	Diplocoques amas	-	-
BMC 24	≤ 0.5	Rose foncé	Translucide	Visqueuse	Régulier	Convexe	Rugueuse	Pléomorphe	Cocci bâtonnet	+	-
BMC 25	≤ 0.5	Rouge orangé	Translucide	Visqueuse	Irrégulier	Convexe	Rugueuse	Cocci	Diplocoques amas	+	-
BMC 26	≤ 0.5	Rose	Translucide	Visqueuse	Irrégulier	Convexe	Lisse	Pléomorphe	Bâtonnets Cocci	+	-
BMA1	≤ 0.5	Rose orangé	Translucide	Pâteuse	Régulier	Convexe	Lisse	Pléomorphes	Cocci +Disques	+	+
BMB8	≤ 0.5	Rouge	Opaque	Visqueuse	Régulier	Convexe	Lisse	Cocci	Diplocoques	+	-
BMC32	≤ 0.5	Orangé	Translucide	Pâteuse	Régulier	Convexe	Lisse	Pléomorphe	Cocci disques	+	-
BMB7	≤ 0.5	Rouge	Translucide	Visqueuse	Régulier	Convexe	Lisse	Pléomorphe	Bâtonnet disques	+	-

		Caractères macroscopiques des colonies						Caractères microscopiques		
BMC31	≤ 0.5	Blanche	Translucide	Pâteuse	Régulier	Convexe	Lisse	Cocci	Diplocoques	+	-
BMA2	≤ 0.5	Brune	Opaque	Visqueuse	Régulier	Convexe	Rugueuse	Cocci	Pléomorphe	+	-
BMA3	≤ 0.5	Orange	Opaque	Visqueuse	Irrégulier	Concave s'incruste dans la gélose	Rugueuse	Cocci	Amas diplocoques	+	-
BMB10	≤ 0.5	Brune	opaque	Visqueuse	Irrégulier	Concave s'incruste dans la gélose	Rugueuse	Cocci	Diplocoques amas	+	-
BMA5	≤ 0.5	Orange brune	opaque	Visqueuse	Irrégulier	Concave s'incruste dans la gélose	Rugueux	Cocci	Diplocoques amas	+	-
BMB9	≤ 0.5	Orange	opaque	Visqueuse	Irrégulier	Concave s'incruste dans la gélose	Rugueuse	Cocci	Diplocoques	+	-
BMC30	≤ 0.5	rouge	opaque	Visqueuse	Irrégulier	Convexe	lisse	Cocci	Diplocoque	+	-
BMB11	≤ 0.5	Rouge pigment diffusant dans la gélose	Translucide	Visqueuse	Irrégulier	Convexe	lisse	Cocci	Diplocoque Chaînette	+	-
BMA4	≤ 0.5	Transparente	Translucide	Visqueuse	Irrégulier	Convexe	lisse	Cocci	Chaînette	-	-
BMB6	≤ 0.5	Blanche jaunâtre	Translucide	Visqueuse	régulier	Convexe	lisse	Cocci	Diplocoques	+	-
BMC27	≤ 0.5	Jaunâtre à orangé	opaque	pâteuse	régulier	Convexe	lisse	Cocci	Diplocoques	+	-
BMC28	≤ 0.5	Transparente	opaque	pâteuse	régulier	Convexe	lisse	Cocci	Diplocoques	+	-

Annexe10 (suite)

Tableau XXXI : Détermination de la concentration optimale de NaCl des souches halophiles isolées à partir de la sebkha de Beni Maouche.

NaCl % (p/v) Isolats	0	5	10	15	20	25	30
BMC 11	-	-	-	++	+++	+++	+++
BMC 12	-	-	+	++	+++	+++	+++
BMC 14	-	-	+	+	+	+++	-
BMC 19	-	-	+	++	+++	+++	+++
BMC 21	-	-	+	+	+	+++	-
BMC 22	-	-	-	+	+++	+++	+++
BMC 24	-	-	+	++	+++	+++	+++
BMC 25	-	-	-	+	+++	+++	+++
BMC 26	-	-	+	++	+++	+++	+++
BMA1	-	-	+	++	+++	+++	+++
BMC31	-	-	-	++	+++	+++	+++
BMA2	-	-	-	++	+++	+++	+++
BMA3	-	-	-	++	+++	+++	+++
BMB9	-	-	+	++	+++	+++	+++
BMA4	-	-	+	++	+++	+++	+++
BMB10	-	-	+	++	+++	+++	+++
BMC32	Nd	nd	nd	nd	+++	+++	+++
BMB11	Nd	nd	nd	nd	+++	+++	+++
BMB7	-	-	-	++	+++	+++	+++
BMB8	-	-	-	++	+++	+++	+++

Nd : non déterminé, (+) : Croissance avec un nombre de colonies réduit, (+++): Croissance avec un nombre de colonies important

Annexe 10 (suite)

Tableau XXXII : Détermination de la concentration optimale en ions de Mg++ des souches halophiles isolées à partir de la sebkha de Beni Maouche.

Mg++ mM (p/v) Isolats	0	1	5	10	20	30	50	100	200	300
BMC 11	-	-	+	+	+++	+++	++	-	-	-
BMC 12	-	-	+	+	+++	+++	++	-	-	-
BMC 13	-	-	+	+	+++	+++	++	-	-	-
BMC 14	-	-	+	+	+++	+++	++	-	-	-
BMC 19	-	-	+	+	+++	+++	++	-	-	-
BMC 21	-	-	+	+	+++	+++	++	-	-	-
BMC 22	-	-	+	+	+++	+++	++	-	-	-
BMC 24	-	-	+	+	+++	+++	++	-	-	-
BMC 25	-	-	+	+	+++	+++	++	-	-	-
BMA1	-	-	-	+	+	+	++	+++	+++	+++
BMC31	-	-	+	+	+++	+++	+++	+	-	-
BMA2	+++	++	-	-	-	-	-	-	-	-
BMA3	++	-	-	-	-	-	-	-	-	-
BMB9	+++	++	-	-	-	-	-	-	-	-
BMA4	+++	++	-	-	-	-	-	-	-	-
BMB10	++	+++	-	-	-	-	-	-	-	-
BMC32	-	-	+	+	+++	+++	++	-	-	-
BMB11	-	-	+	+	+++	+++	++	-	-	-
BMB7	-	-	+	+	+++	+++	+++	+	-	-
BMB8	-	-	-	+	+	+	++	+++	+++	+++

Nd : non déterminé, (+) : Croissance avec un nombre de colonies réduit , (+++): Croissance avec un nombre de colonies important

Annexe 10 (suite)

Tableau XXXIII : Résultats de la détermination des caractères physiologiques des souches halophiles isolées à partir de la sebkha de Beni Maouche.

ISOLATS	TYPE RESPIRATOIRE	CATALASE	OXYDASE
BMC 11	Aérobie Facultatif	+	+
BMC 12	Aérobie Facultatif	+	+
BMC 14	Aérobie Facultatif	+	+
BMC 19	Aérobie Facultatif	+	+
BMC 21	Aérobie Facultatif	+	+
BMC 22	Aérobie Facultatif	+	+
BMC 24	Aérobie Facultatif	+	+
BMC 25	Aérobie Facultatif	+	+
BMC 26	Aérobie stricte	-	+
BMA1	Aérobie Facultatif	+	+
BMC31	Aérobie Facultatif	+	+
BMA2	Aérobie stricte	-	+
BMA3	Aérobie Facultatif	+	+
BMB9	Aérobie stricte	-	+
BMA4	Aérobie stricte	-	+
BMB10	Aérobie stricte	-	+
BMC32	Aérobie Facultatif	-	+
BMB11	Aérobie Facultatif	+	+
BMB7	Aérobie Facultatif	+	+
BMB 8	Aérobie Facultatif	+	+

Annexe 11

Tableau XXXIV : Résultats des antibiogrammes effectués sur les souches bactériennes halophiles strictes testées

Classe	Nom de spécialités	Charge du disque	Sensibilité des souches aux Antibiotiques			
			A21	D21	C21	E21
Quinolones	Acide nalidixique (NA) Ofloxacine (OFX)	30µg 5µg	R R	R R	S R	S R
β- lactamine	Pénicilline G (P) Ampicilline Et dérivés (AM)	6µg 10µg	R	R	R	R
	Amoxicilline + Acide clavulamique (AMC)	20µg + 10µg	R	R	R	R
Les macrolides	Erythromycine E Spiromycine (SP), Jovamycine, Midécamycine Lincomycine (L) Pristinamycine (PT)	15µg 100µg 15µg 15µg 15µg 15µg	R	R	R	R
Sulfamides et associations	Triméthoprime	1.25µg + 23.75µg	R	R	R	R
Nitrofuranes	Furanes (FT)	300µg	S	S	S	S
Aminosides et Aminocyclitol	Gentamicine (GM)	10µg (15µg)	R	R	R	R
Phenicoles	Chloramphénicol (C), Thiamphénicol	30µg	R R	R R	S S	S S
Tétracyclines	Tétracycline (TE) Doxycycline (DO)	30UI 30UI	R	R	R	R
Beta-lactamine Cephalosporines	Oxacilline (Ox1)	1µg	R	R	R	R
	Cefotaxime (CTX) Cefalexine (CN) Céfixime (CFM)	30µg 30µg 10µg	R	R	R	R
Divers	Rifampicine (RA) Nitroxoline (NI) Fosfomycine (FOS)	30µg 20µg 50µg	R	R	R	R

Oui, je veux morebooks!

i want morebooks!

Buy your books fast and straightforward online - at one of world's fastest growing online book stores! Environmentally sound due to Print-on-Demand technologies.

Buy your books online at
www.get-morebooks.com

Achetez vos livres en ligne, vite et bien, sur l'une des librairies en ligne les plus performantes au monde!
En protégeant nos ressources et notre environnement grâce à l'impression à la demande.

La librairie en ligne pour acheter plus vite
www.morebooks.fr

VDM Verlagsservicegesellschaft mbH
Heinrich-Böcking-Str. 6-8   Telefon: +49 681 3720 174   info@vdm-vsg.de
D - 66121 Saarbrücken   Telefax: +49 681 3720 1749 www.vdm-vsg.de

Printed by Books on Demand GmbH, Norderstedt / Germany